Abdelkader Benzian

Universo Inflacionário

Abdelkader Benzian

Universo Inflacionário

ScienciaScripts

Cover image: www.ingimage.com

This book is a translation from the original published under ISBN 978-620-8-42083-3.

Publisher:
Sciencia Scripts
is a trademark of
Dodo Books Indian Ocean Ltd. and OmniScriptum S.R.L publishing group

120 High Road, East Finchley, London, N2 9ED, United Kingdom
Str. Armeneasca 28/1, office 1, Chisinau MD-2012, Republic of Moldova, Europe
Managing Directors: Ieva Konstantinova, Victoria Ursu
info@omniscriptum.com

Printed at: see last page
ISBN: 978-620-8-62040-0

ÍNDICE

CURRÍCULO

É sabido que a expansão do universo conduz frequentemente à produção de partículas elementares. O aparecimento de um campo escalar homogéneo constanteφ em todo o espaço representa simplesmente uma reestruturação do vácuo e, em certo sentido, o espaço preenchido por um campo escalar constanteφ que se chama campo de Higgs permanece "vazio". O campo escalar constante não transporta consigo um referencial preferencial, não perturba o movimento dos objectos que atravessam o espaço que preenche, etc. Mas quando o campo escalar aparece, há uma mudança na densidade de energia do vácuo descrita pelo potencial V(φ)que é chamado potencial de Higgs. Se não existissem efeitos gravitacionais, esta alteração na densidade de energia do vácuo passaria completamente despercebida. Na relatividade geral, no entanto, afecta as propriedades do espaço-tempo, ou seja, V(φ) entra na equação de Einstein de uma certa forma que foi discutida na secção 3. Assim, este trabalho apresenta uma nova ideia na secção 3 para exprimir um universo inflacionário de acordo com as descobertas de Hawking-Moss e, portanto, a correspondente probabilidade de tunelamento

1. INTRODUÇÃO

As equações do Modelo Padrão devem ser consistentes com o princípio da relatividade de Einstein, que afirma que as leis da Natureza assumem a mesma forma em todos os referenciais inerciais. Um referencial inercial é aquele em que um corpo livre se move sem aceleração. Um referencial terrestre aproxima-se de um referencial inercial se o campo gravitacional da Terra for introduzido como um campo externo. As coordenadas temporais e espaciais de um acontecimento, medidas em diferentes referenciais inerciais, estão relacionadas por uma transformação de Lorentz. Uma rotação é um caso especial de uma transformação de Lorentz. Podemos escrever a transformação de Lorentz como[6]

$$x'^0 = x^0 \cosh\theta - x^3 \sinh\theta$$

$$x'^1 = x^1$$

$$x'^2 = x^2$$

$$x'^3 = -x^0 \sinh\theta + x^3 \cosh\theta$$

Onde$v/c = \tanh\theta$, $\sqrt{1 - \left(\frac{v}{c}\right)^2} = \cosh\theta$

As transformações para um referencial com eixos paralelos mas que se move numa direção arbitrária são designadas por impulsos. Uma transformação de Lorentz geral entre os quadros inerciais$K$ eK' cujas origens coincidem em$x^0 = x'^0 = 0$ é uma combinação de uma rotação e de um impulso. É especificada por seis parâmetros: três parâmetros que dão a orientação dos eixos deK' relativamente aos eixos de$K$ e três parâmetros que dão as componentes da velocidade deK' relativamente aK. Uma tal transformação geral tem a forma

$$x'^\mu = L^\mu_\nu x^\nu$$

em que os elementosL^μ_ν da matriz de transformação são reais e sem dimensão.

É certo que muitos físicos excepcionais deram contributos decisivos para os temas da teoria quântica dos campos. Tem um impacto claro em disciplinas como a física das partículas elementares.

O modelo clássico do oscilador harmónico permite determinar o número de operador que, graças a ele, o vácuo tem um papel na interpretação do aumento e da diminuição do número de partículas, o que leva à fundação do operador de criação e do operador de aniquilação.

Para a discussão do spin dos vários campos é necessária alguma teoria de grupos; em particular, a importância do grupo de Lorentz e do grupo de Poincar'e é enfatizada para assegurar a invariância relativista das equações de campo. De facto, o que está subjacente a todas estas teorias são - mais ou menos - princípios geométricos, para uma compreensão da segunda quantização, ou seja, a teoria quântica de campos

No entanto, um olhar mais atento revela que os sistemas hamiltonianos têm uma simetria de grupo de Lie maior do que seria de esperar da sua forma lagrangiana, e são os seus grupos de simetria os responsáveis pela degenerescência. No caso do átomo de hidrogénio, esta observação foi feita por Pauli já no ano de 1926.

Assim, vivemos num domínio com$SU(3) \times U(1)$ simetria, no interior do qual existem interações fortes, fracas e electromagnéticas do tipo realmente observado. Isto acontece não porque não existam outras regiões com propriedades diferentes das nossas, e não porque a vida seja impossível noutras regiões, mas porque a vida, tal como a conhecemos, só é possível numa região com$SU(3) \times U(1)$ simetria.

Mesmo nas teorias de campos não gravitacionais, o conteúdo de partículas do campo só pode ser definido para campos livres. Uma vez que a teoria quântica num espaço-tempo curvo é equivalente a uma teoria quântica que interage com um campo gravitacional, é natural que o conceito de partícula não esteja bem definido.

Embora os detectores de partículas possam certamente fornecer mais uma definição de partícula, em geral esse procedimento não será equivalente à utilização do formalismo da teoria de campos. Essencialmente, os detectores de partículas respondem ao padrão de flutuação do vácuo e não às partículas propriamente ditas.

Intuitivamente, consideramos sempre que uma "partícula" é uma "bola de bilhar" suficientemente pequena. De um ponto de vista tão ingénuo e clássico, esperamos que o conceito de partícula seja independente das coordenadas. No entanto, o conceito de partícula na teoria quântica dos campos é muito diferente do de uma "bola de bilhar sem estrutura". Assim, temos de examinar, desde os primeiros princípios, a covariância geral ou não do conceito de partícula . Assim, a dinâmica do campo é geralmente covariante e independente das coordenadas utilizadas. Na secção 4, o potencial de Higgs foi introduzido pela forma de covariância geral e, por conseguinte, inserido na equação de Einstein da relatividade geral.

Como é que o universo surgiu?" Escusado será dizer que a discussão na presente secção será algo especulativa e ingénua. Para começar, notemos que a pergunta "Como é que o universo surgiu?" não pode sequer ser colocada - e muito menos respondida - na relatividade clássica. Isto deve-se ao facto de existir uma singularidade. Além disso, não é possível, numa teoria clássica, ter simultaneamente as seguintes caraterísticas:

(i) criação da matéria
(ii) (ii)
(iii) conservação do tensor momento-energia, ou seja, validade das equações de Einstein;
(iv) (iii) positividade da densidade de energia para todos os campos.
(v) O modelo do Big Bang, por exemplo, viola
(vi) (ii) na singularidade, "criando" assim matéria. Os modelos de criação contínua, por exemplo, violam (iii) em todas as épocas por uma quantidade inobservavelmente pequena, e não são singulares.

Além disso, considere-se um sistema clássico descrito pela ação

$$S = \frac{1}{12L_p^2}\int (R - 2\Lambda)\sqrt{-g}\, d^4x \;\; ; \;\; L_p^2 = \frac{4\pi}{3}G$$

Esta ação descreve um sistema com uma constante cosmológica Λ. Nesta fase, não nos preocuparemos com a origem e a magnitude de Λ, exceto para assumir que é positiva. Pode, por exemplo, resultar de valores de expetativa de vácuo de campos quânticos.

A solução clássica, correspondente ao princípio da ação estacionária, pode ser considerada como o universo de Sitter, representado por

$$ds^2 = dt^2 - e^{2Ht}\left(dr^2 + r^2(d\theta^2 + \sin^2\theta d\varphi^2)\right);\ H^2 = \frac{1}{3}\Lambda$$

Para um valor diferente de zeroΛ , este universo de Sitter desempenha o mesmo papel que o espaço-tempo de Minkowski para um valor zeroΛ . (Quando$\Lambda \neq 0$, o espaço-tempo de Minkowski não é uma solução da equação de Einstein.) Assim, podemos considerar o espaço-tempo de de Sitter como o 'estado fundamental'. Einstein ficou satisfeito ao ver que as equações modificadas com uma constante cosmológica positiva aceitavam uma solução independente de$t$ para o universo de Einstein de matéria poeirenta ($p_0 = 0$) homogeneamente distribuída:[1]

$$ds^2 = c^2\, dt^2 - \frac{dr^2}{1 - \Lambda r^2} - r^2(d\theta^2 + \sin^2\theta d\varphi^2) \qquad (1.1)$$

Esta solução descreve um universo fechado isotrópico e homogéneo com fator de escala constante. A curvatura espacial para o universo de Einstein é

$$^{(3)}R = 6\,\Lambda$$

O universo de Einstein harmonizou-se com a ideia de um universo estático. Consideremos *as flutuações quânticas conformes* em torno deste estado fundamental. Sabemos que qualquer mínimo local será um estado fundamental clássico, estável a pequenas perturbações. As flutuações quânticas, no entanto, podem induzir um tunelamento através da barreira de potencial e tornar o mínimo local instável. É exatamente isto que acontece com o estado fundamental em. Os QCFs tornam o espaço-tempo de De Sitter instável e dão-lhe um tempo de vida finitoτ . O universo sai da fase de Sitter após uma inflação por um fator$(exp\ H\tau)$ que vamos agora calcular.

Os QCFs são regidos pela ação[5]

$$S = \frac{1}{2L_p^2}\int (R - 2\Lambda)\sqrt{-g}\, d^4x$$

$$S = -\frac{1}{2L_p^2}\left(\int \Omega^i\Omega_i - \frac{1}{6}R\Omega^2 + \frac{\Lambda}{3}\Omega^4\right)\sqrt{-g}d^4x$$

Definição

$$\varphi = L_p^{-1}\Omega,\ \ \lambda = \frac{1}{3}\Lambda L_p^2$$

obtemos

$$S = -\frac{1}{2}\int \sqrt{-g}\,\{\Omega^i\Omega_i - V(\varphi)\}d^4x \tag{1.2}$$

com (utilizando o facto)$R = 4\,\Lambda$

$$V(\varphi) = \frac{2\lambda}{L_p^2}\varphi^2\left(1 - \frac{1}{2}L_p^2\varphi^2\right) \tag{1.3}$$

Este potencial tem a mesma forma que o potencial de "dupla saliência". E é mostrado na Figura 1.1.

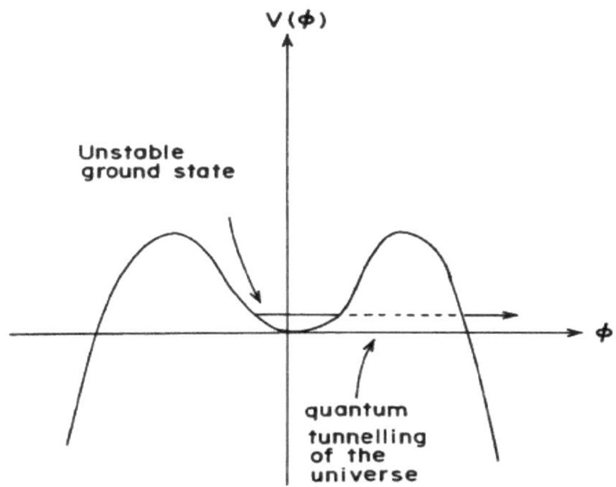

Fig. 1.1. O potencial para o fator de conformidade num universo com constante cosmológica diferente de zero[5].

O estado fundamental clássico corresponde ao mínimo local em $\varphi = 0$.

Perto de$\varphi = 0$. O potencial para o fator de conformidade num universo com constante cosmológica diferente de zero. O potencial pode ser tratado como um potencial de oscilador harmónico com$\omega^2 \sim V''(0)$ e$\langle\varphi^2\rangle \sim \omega^2$. Este estado fundamental está separado das regiões de$|\varphi| \approx \infty$. Claramente, o tunelamento quântico através desta barreira torna o estado fundamental instável. Assumiremos também que o tunelamento ocorre de forma homogénea em todo o espaço de volume$\left(\frac{4\pi}{3}H^{-3}\right)$ com a amplitude,

$$T \propto exp\left(-\int_{x_1}^{x_2}[V(x) - E]^{\frac{1}{2}}\,dx\right)$$

em que, para$E \approx 0$ (fundo do poço),$x_1 = 0$ e$x_2 \cong 2/L_P^2$. Então a probabilidade de tunelamento por unidade de tempo é dada por,

$$P \cong \left(\frac{4\pi}{3}\right)\frac{1}{L_p\lambda^{\frac{3}{2}}}exp\left(-\frac{32\sqrt{2}\pi}{3\lambda^{\frac{3}{2}}}\right) \tag{1.4}$$

O recíproco de$P$ dá o tempo de vidaτ do estado fundamental metaestável. Portanto, o fator de inflação para o universo é

$$Z \equiv (exp\ H\tau) \cong \exp\left[\frac{3\lambda^2}{4\pi}\frac{1}{L_p\lambda^{\frac{3}{2}}}exp\left(-\frac{32\sqrt{2}\pi}{3\lambda^{\frac{3}{2}}}\right)\right] \tag{1.5}$$

Sendo uma exponencial de uma exponencial, Z é enorme para um vasto intervalo deλ . Suponhamos que necessitamos de uma inflação de uma bolha de tamanho Planck($\sim 10^{-33} cm$) para o universo observado($\sim 10^{28}$) . Isto requer um$Z$ de$\geq$ $10^{61} \cong e^{140}$. Esta desigualdade é satisfeita por todos os valores deλ exceto numa pequena gama de $.8 \leq \lambda \leq 17$

(O valor mínimo de$Z$ é$\cong e^{106}$ e ocorre em torno de$\lambda = 11.$. Duas escolhas 'naturais' paraλ são~ 1 (por razões dimensionais) e$\sim 10^{-8}$ (seλ surgir de potenciais GUTs.) Estas escolhas dão valores Z dee^{16} , e dee^{10}), respetivamente.

2. Campo de Higgs e cosmologia

2.1 Campo de Higgs

O Modelo Padrão tem uma bela estrutura teórica; a sua descoberta e desenvolvimento, devido, entre outros, a Glashow, Weinberg, Salam e 't Hooft, requer um certo número de conceitos novos em comparação com a DEQ. Uma explicação detalhada do Modelo Padrão está para além do âmbito deste curso, mas discutiremos dois dos seus principais ingredientes: campos de calibre abelianos e quebra espontânea de simetria através do mecanismo de Higgs.

Apesar dos notáveis sucessos do Modelo Padrão, a procura das leis fundamentais que regem o mundo microscópico está ainda muito longe de estar concluída. No próprio Modelo Padrão há ainda uma peça em falta, uma vez que prevê uma partícula, o bosão de Higgs, que desempenha um papel crucial e que ainda não foi observada. O LEP, após anos de gloriosa atividade, foi encerrado em novembro de 2000, depois de ter atingido uma energia máxima do centro de massa de209 GeV. . A nova máquina, o LHC (Large Hadron Collider), está agora em construção no CERN (Organização Europeia para a Investigação Nuclear) e, juntamente com o colisor Tevatron do Fermilab, tem como objetivo explorar a gama de energiasTeV $(= 10^3$ GeV $= 10^{12}$ eV) . Espera-se que encontrem o bosão de Higgs e que testem ideias teóricas como a supersimetria que, se corretas, deverão dar sinais observáveis a esta escala de energia.

Olhando muito para além do Modelo Padrão, há uma razão muito substancial para acreditar que ainda estamos longe de uma verdadeira compreensão das leis fundamentais da Natureza. Isto deve-se ao facto de a gravidade não poder ser incluída nos esquemas conceptuais que discutimos até agora. A relatividade geral é incompatível com a teoria quântica dos campos. De um ponto de vista experimental, atualmente, isto não causa qualquer preocupação real; a escala de energia à qual se espera que os efeitos da gravidade quântica se tornem importantes é tão grande (da ordem de10^{19} GeV) que podemos esquecê-los completamente em experiências com aceleradores. Esquema teórico onde estes dois pilares da física moderna, a teoria quântica dos campos e a relatividade geral, se fundem de forma consistente[7].

Com a invenção e o desenvolvimento de teorias de calibre unificadas para as interações fracas e electromagnéticas, ocorreu uma verdadeira revolução na física elementar das partículas nos últimos 15 anos. Uma das ideias básicas subjacentes a estas teorias é a da quebra espontânea da simetria entre diferentes tipos de interações devido ao aparecimento de campos escalares clássicos constantesφ em todo o espaço (os chamados campos de Higgs). Antes do aparecimento destes campos, não existe qualquer diferença fundamental entre as interações fortes, fracas e electromagnéticas . O seu aparecimento espontâneo em todo o espaço significa essencialmente uma reestruturação do vácuo, com certos campos vectoriais (gauge) a adquirirem uma massa elevada como resultado. As interações mediadas por estes campos vectoriais tornam-se então de curto alcance, o que leva à quebra de simetria entre as várias interações descritas pelas teorias unificadas.

Pela primeira vez, tornou-se possível investigar os processos de interação forte e fraca utilizando a teoria das perturbações de ordem elevada. Uma propriedade notável destas teorias - a liberdade assintótica - tornou também possível, em princípio, descrever interações de partículas elementares até energias do centro de massa E$\sim$ MP$\sim$ 10^{19} GeV, ou seja, até à energia de Planck, onde os efeitos da gravidade quântica se tornam importantes.

Os cosmólogos começaram a interessar-se particularmente pelas teorias recentes das partículas elementares depois de se ter descoberto que as grandes teorias unificadas fornecem um quadro natural no qual pode surgir a assimetria bariónica observada no Universo (ou seja, a ausência de antimatéria na parte observável do Universo).

Os campos escalaresφ desempenham um papel fundamental nas teorias unificadas das interações fracas, fortes e electromagnéticas. Matematicamente, a teoria destes campos é mais simples do que a dos campos de espinoresψ que descrevem os electrões ou os quarks, por exemplo, e é mais simples do que a teoria dos campos vectoriaisA_μ que descreve os fotões, os gluões, etc. No entanto, as propriedades mais interessantes e importantes destes campos, tanto para a teoria das partículas elementares como para a cosmologia, só foram apreendidas muito recentemente. Recordemos as propriedades básicas destes campos. Consideremos primeiro a teoria mais simples de um campo escalar real de uma componenteφ com o Lagrangiano,

$$\mathcal{L} = \frac{1}{2}\left(\partial_\mu \varphi\right)^2 - \frac{m^2c^2}{2\hbar^2}\varphi^2 - \frac{\lambda}{4}\varphi^4 \tag{2.1}$$

Nesta equação, m é a massa do campo escalar eλ é a sua constante de acoplamento. Por simplicidade, assumimos que$\lambda \ll 1$. Quandoφ é pequeno e podemos negligenciar o último termo em (2.1), o campo satisfaz a equação de Klein-Gordon,[3]

$$\partial_\mu \varphi \partial^\mu \varphi + m^2 \varphi = 0 \tag{2.2}$$

onde o ponto indica a diferenciação em relação ao tempo. A solução geral desta equação é expressável como uma sobreposição de ondas planas, correspondendo à propagação de partículas de massa$m$ e momento k

a energia potencial de um campo entra no Lagrangiano com um sinal negativo, não é difícil mostrar que o modelo de Higgs é simplesmente uma generalização relativista da teoria de Ginzburg-Landau da supercondutividade, e o campo clássicoφ no modelo de Higgs é o análogo do condensado de Bose de pares de Cooper. A analogia entre as teorias unificadas com quebra espontânea de simetria e as teorias da supercondutividade tem-se revelado extremamente útil no estudo das propriedades da matéria superdensa descrita pelas teorias unificadas. Especificamente, sabe-se que, quando a temperatura é aumentada, o condensado de pares de Cooper encolhe até zero e a supercondutividade desaparece. Acontece que o campo escalar uniformeφ também deve desaparecer quando a temperatura da matéria aumenta; por outras palavras, a temperaturas muito elevadas, a simetria entre as interações fraca, forte e electromagnética deve ser restaurada. A ideia básica é que a teoria das transições de fase envolvendo o desaparecimento do campo clássicoφ diz que o valor de equilíbrio do campoφ (pode-se dizer o primeiro nível de energia do vácuo que corresponde à criação da primeira partícula) a uma temperatura fixa$T \neq 0$ é governado não pela localização do mínimo da densidade de energia potencial$V(\varphi)$, mas pela localização do mínimo da densidade de energia livre$\Delta F(\varphi, T) \equiv \Delta V(\varphi, T)$, que é igual a V(φ) em$T = 0$.[É sabido que a contribuição dependente da temperatura para a energia livre$F$ das partículas escalares ultrarelativistas de massa$m$ à temperatura$\boldsymbol{T} \gg \boldsymbol{m}$ é dada por,

$$\Delta F = \Delta V(\varphi, T) = -\frac{\pi^2}{90}T^4 + \frac{m^2}{24}T^2\left(1 + 0\left(\frac{m}{T}\right)\right) \qquad (2.3)$$

a expressão completa para$V(\varphi, T)$ pode ser escrita na forma,

$$V(\varphi, T) = -\frac{\mu^2}{2}\varphi^2 + \frac{\lambda\varphi^4}{4} + \frac{\lambda T^2}{8}\varphi^2 + \cdots\ldots, \qquad (2.4)$$

Por conseguinte,

$$m^2(\varphi) = \frac{d^2V}{d\varphi^2} = 3\lambda\varphi^2 - \mu^2 \qquad (2.5)$$

que se obtém utilizando (2.1)),

$$\mathcal{L} = \frac{1}{2}\partial_\mu \varphi \partial^\mu \varphi - \frac{\mu^2}{2}\varphi^2 - \frac{\lambda}{4}\varphi^4 \quad (2.6)$$

É evidente a partir de (2.4) que, à medida que$T$ aumenta, o valor de equilíbrio deφ no mínimo de$V(\varphi, T)$ diminui, e acima de uma certa temperatura crítica

$$T_c = \frac{2\mu}{\sqrt{\lambda}} \quad (2.7)$$

o único mínimo restante é o de$\varphi = 0$, ou seja, a simetria é restaurada. A equação (2.4) implica então que o campoφ diminui continuamente para zero com o aumento da temperatura; a restauração da simetria na teoria (2.6) é uma transição de fase de segunda ordem[3].

2.2 Quebra de simetria:

Além disso, a Lagrangiana na teoria quântica é expressa por operadores, o que interessa neste estudo são os valores de expetativa para qualquer estado particular escolhido para o sistema. Consideremos um campo escalar complexo não minimamente acoplado com a Lagrangiana **[5]**:

$$\mathcal{L} = \partial_i \varphi^\dagger \partial^i \varphi - V(\varphi^\dagger \varphi) \quad (2.8)$$

De acordo com a equação (2.8), o potencial foi escolhido para ser escrito como

$$V(\varphi^\dagger \varphi) = \frac{1}{2}\lambda^2 |\varphi|^4 - \frac{1}{2}\mu^2 |\varphi|^2 \quad (2.9)$$

Seμ for imaginário, o termo$\frac{1}{2}\mu^2|\varphi|^2$ em$V(\varphi^\dagger\varphi)$ pode ser interpretado como *um termo de massa* para o campo escalar, mas não podemos tratarμ como a massa dos quanta do campo.

O Lagrangiano é invariante sob a transformação global

$$\varphi \to \varphi' = e^{i\alpha}\varphi$$

(α is constant). A transformação forma uma representação para o grupo abeliano de um parâmetro chamado$U(1)$ (para mais detalhes sobre este assunto ver **[5,** secção 5.2]).

Além disso, a Lagrangiana na teoria quântica é expressa por operadores, o que interessa neste estudo são os valores de expetativa para qualquer estado particular escolhido para o sistema. Consideremos um campo escalar complexo não minimamente acoplado com a Lagrangiana **[5]:**

$$\mathcal{L} = \partial_i \varphi^\dagger \partial^i \varphi - V(\varphi^\dagger \varphi) \tag{2.10}$$

De acordo com a equação (2.8), o potencial foi escolhido para ser escrito como

$$V(\varphi^\dagger \varphi) = \frac{1}{2}\lambda^2 |\varphi|^4 - \frac{1}{2}\mu^2 |\varphi|^2 \tag{2.11}$$

Seμ for imaginário, o termo$\frac{1}{2}\mu^2|\varphi|^2$ em$V(\varphi^\dagger\varphi)$ pode ser interpretado como *um termo de massa* para o campo escalar, mas não podemos tratarμ como a massa dos quanta do campo.

O Lagrangiano é invariante sob a transformação global

$$\varphi \rightarrow \varphi' = e^{i\alpha}\varphi$$

(α is constant). A transformação forma uma representação para o grupo abeliano de um parâmetro chamado$U(1)$ (para mais detalhes sobre este assunto ver **[5,** secção 5.2]).

como a densidade Hamiltoniana é lida como$\frac{1}{2}\left[\Pi_\varphi^2 + (\nabla\varphi)^2 + m^2\varphi^2\right]$, ondeΠ_φ é o momento conjugado aφ que é escrito como$\Pi_\psi = \frac{\partial \mathcal{L}}{\partial(\partial_0\varphi)} = \partial_0\varphi$ definimos o estado fundamental do sistema, o estado que minimiza a energia do sistema, ou seja, minimiza o seu Hamiltoniano. Para a nossa Lagrangiana, o Hamiltoniano é dado por

$$H = |\dot{\varphi}|^2 + |\nabla\varphi|^2 + V(\varphi^\dagger\varphi) \tag{2.12}$$

A escolha para esta minimização está relacionada com a minimização do potencial, assim obtemos

$$|\varphi|^2 = \frac{\mu^2}{2\lambda^2} \equiv |\varphi^\circ|^2 \tag{2.13}$$

A energia do vácuo é representada por um nível quântico que não contém qualquer partícula. A teoria quântica diz que a partícula seria criada devido aos chamados "saltos quânticos" nos níveis de energia seguintes. A mecânica quântica do oscilador harmónico fornece a descrição dos operadores dos campos, representados pelos chamados operadores de criação e de aniquilação, o estado fundamental$|0\rangle$ é definido pelo operador de aniquilaçãoa como **[5]**$a|0\rangle = 0$, e o n° estado estacionário é dado por

$$|n\rangle = \frac{\left(a^{\dagger}\right)^{n}}{\sqrt{n!}}|0\rangle$$

$a^{\dagger}$ denota o operador de criação, em que$a^{\dagger}$, ea realiza a relação de comutação

$$[a, a^{\dagger}] = 1$$

Mas um termo de massa aparece para o mínimo do potencial. A ideia aqui é que a existência de um potencial de Higgs que contenha um termo de massa, a interação com este potencial (ou com a energia de vácuo correspondente) é a razão pela qual uma partícula que é originalmente sem massa adquire a sua massa. Assim, iremos determinar a Lagrangiana correspondente nos próximos passos.

Pode escrever-seφ pelas suas partes real e imaginária descrevendo um campo escalar complexo sem massa como o Lagrangiano (2.11) expresso, então

$$\varphi = \frac{1}{\sqrt{2}}(\varphi_1 + i\varphi_2)$$

O que significa que

$$\varphi_1{}^2 + \varphi_2{}^2 = \frac{\mu^2}{\lambda^2} \tag{2.14}$$

O estado fundamental representa o vácuo e, como$|0\rangle$, espera-se que o valor de expetativa seja diferente de zero, pelo que a escolha do hamiltoniano toma o valor de expetativa mínimo no estado fundamental, ou seja

$$\langle 0|\varphi|0\rangle = \frac{1}{\sqrt{2}}\frac{|\mu|}{|\lambda|}\, e^{i\theta} \tag{2.15}$$

Daqui resultam duas conclusões principais:

Primeiro: o estado fundamental relevante viola a simetria presente no Lagrangiano, ou seja

$$\langle 0|\varphi'|0\rangle = e^{i\alpha}\langle 0|\varphi|0\rangle = \frac{1}{\sqrt{2}}\frac{|\mu|}{|\lambda|}\, e^{i(\theta+\alpha)} \neq \langle 0|\varphi|0\rangle \tag{2.16}$$

Segundo: o estado de uma partícula descreve que as partículas físicas devem ser ortogonais ao vácuo físico, o que significa ser zero, o que é contrário à nossa suposição.⋄ *Por simplicidade, a partir de agora escrevemos*$V(\varphi)$ *em vez de* .$V(\varphi^{\dagger}\varphi)$

De acordo com (2. 13) o valor mínimo de$V(\varphi)$ não envolve o ângulo de faseθ , o que nos permite considerar que$\theta = 0$, logo obtemos

$$\langle 0|\varphi_1|0\rangle = \frac{|\mu|}{|\lambda|}, \langle 0|\varphi_2|0\rangle = 0 \qquad ( )2.17$$

Isto permite-nos introduzir duas novas variáveis de campoχ_1 eχ_2 que podem representar estados físicos de uma só partícula, requisito alcançado quando

$$\varphi_1 = \frac{|\mu|}{|\lambda|} + \chi_1, \varphi_2 = \chi_2 \qquad (2.18)$$

Por esta descrição, os campos pareciam ter valores de expetativa nulos no estado fundamental e, por conseguinte, concretizam o objetivo de descrever estados físicos de uma só partícula. O Lagrangiano correspondente é agora escrito por

$$\begin{aligned}\mathcal{L} = \frac{1}{2}\left(\partial_i\chi_1\partial^i\chi_1 - \mu^2{\chi_1}^2\right) + \frac{1}{2}\partial_i\chi_2\partial^i\chi_2 - \frac{1}{2}|\mu|\lambda\chi_1({\chi_1}^2 + {\chi_2}^2) \\ - \frac{1}{8}\lambda^2({\chi_1}^2 + {\chi_2}^2)^2 \\ + \frac{\mu^4}{8\lambda^2} \qquad (2.19)\end{aligned}$$

Este Lagrangiano descreve dois campos escalaresχ_1 eχ_2 , *um com massa*μ *(note-se que aparece com o sinal correto) e o outro sem massa.[5]* ⋄ *Por simplicidade, a partir de agora escrevemos*$V(\varphi)$ *em vez de* .$V(\varphi^{\dagger}\varphi)$

A equação de Friedmann para a matéria dominada que representa a época atual do universo é escrita por,

$$\left(\frac{\dot{a}}{a}\right)^2 = \frac{\kappa^2}{3}\rho_M - \frac{k}{a^2} + \frac{\Lambda}{3} \qquad (2.20)$$

Definição de um parâmetro de curvatura espacial $\Omega_k = -\frac{k}{H^2a^2}$

A densidade crítica correspondente a esta época é da ordem de

$\rho_{0\,critical}\left(t_{tody}\right)c^{-2} = 10^{-26}kg.m^{-3}$, onde$\rho_{0\,critical} = \frac{3H^2}{8\pi G}$ A densidade relativa total da energia e da matéria é definida por

$$\Omega_m = \frac{\rho_0}{\rho_{0\,critical}} \qquad (2.21)$$

A equação de Friedmann pode ser escrita aqui como

$$\Omega_m + \Omega_k + \Omega_\Lambda = 1 \qquad (2.22)$$

Onde o parâmetro de densidade do vácuoΩ_Λ é um parâmetro dado como $\Omega_\Lambda = \frac{\Lambda}{3H^2}$

As observações do grupo SCP (Supernova Cosmology Project) indicam que os valores dos parâmetros cosmológicos devem ser promovidos em**[6]**

$$\Omega_m = 0{,}27 \qquad \Omega_\Lambda = 0{,}73$$

feitas pelo satélite COBE no ano de 1992, em que os dados melhorados foram obtidos pelo satélite MAP (Microwave Anisotropy Probe), mostram definitivamente (Halverson et al. 2002) que o universo é (muito próximo de) plano, ou seja,$\Omega_k = 0$, o universo de Einstein-de Sitter com$k = 0$ e$\Lambda = 0$ é definitivamente obsoleto.

No ano de 1933, o astrónomo F. Zwicky postulou a existência de matéria negra, cuja função é equilibrar as forças centrífugas que provocam a expansão acelerada, além disso a matéria negra contribui para elevar [6]o valor da densidade relativa da matéria para .$\Omega_m(t_{today}) = 0{,}3$

A interação electromagnética tem um longo alcance, pelo que é descrita por um campo de calibre sem massa. A interação fraca se for mediada por uma partícula vetorial, consequentemente a partícula deve ser massiva, e portanto, a renormalização requer a invariância de calibre da Lagrangiana.

Houve duas fases importantes no desenvolvimento da cosmologia do século XX. A primeira começou na década de 1920, quando Friedmann utilizou a teoria geral da relatividade para criar uma teoria de um ***universo homogéneo e isotrópico em expansão com uma métrica***

$$ds^2 = dt^2 - a^2(t)\left[\frac{dr^2}{1 - kr^2} + r^2(d\theta + \sin^2\theta d\varphi^2)\right] \qquad (2.23)$$

em que$k = +1, -1$, ou0 para um universo de Friedmann fechado, aberto ou plano, e$a(t)$ é o "raio" do universo, ou mais precisamente, o seu fator de escala (a dimensão total do universo pode ser infinita). O termo universo plano refere-se ao facto de que, quando$k = 0$, a métrica (1.3.1) pode ser colocada na forma,

$$ds^2 = dt^2 - a^2(t)(x^2 + y^2 + z^2) \qquad (2.24)$$

Em qualquer momento, a parte espacial da métrica descreve um espaço euclidiano tridimensional ordinário (plano), e quando$a(t)$ é constante (ou varia lentamente, como no nosso universo atual), a métrica do universo plano descreve o espaço de Minkowski. Para$k = \pm 1$, a interpretação geométrica da parte do espaço tridimensional de é um pouco mais complicada. O análogo de um mundo fechado num dado momento t é uma esfera S^3 inserida num espaço tetradimensional auxiliar(x, y, z, τ) . As coordenadas nesta esfera estão relacionadas por

$$x^2 + y^2 + z^2 + \tau^2 = a^2(t) \qquad (2.25)$$

A métrica na superfície pode ser escrita na forma,

$$dl^2 = a^2(t)\left[\frac{dr^2}{1 - r^2} + r^2(d\theta^2 + \sin^2\theta\, d\theta d\varphi^2)\right] \qquad (2.26)$$

onde ,$r\theta$, eφ são coordenadas esféricas na superfície da esfera S^3 . O análogo de um universo aberto em$t$ fixo é a superfície do hiperboloide. O análogo de um universo aberto em$t$ fixo é a superfície do hiperboloide[1][2]

$$x^2 + y^2 + z^2 - \tau^2 = 0 \qquad (2.27)$$

$$x^2 + y^2 + z^2 - \tau^2 = a^2(t) \qquad (2.28)$$

A evolução do fator de escala$a(t)$ é dada [1] pelas equações de Einstein, pelo que a equação de Einstein $^0_0$ resulta em

$$\frac{\dot{a}^2}{a^2} + \frac{kc^2}{a^2} = \frac{8\pi G}{3c^2}\rho_0 \qquad (2.29)$$

$$\ddot{a} = -\frac{4\pi}{3}G(\rho + 3p)a \qquad (2.30)$$

A dinâmica da matéria está contida nas equações de conservação$T^{ij}_{;j} = 0$. Para$i = 0$, 0 resulta.

$$\frac{d}{dt}(\rho_{0a^3}) = -\rho_{0\frac{d}{dt}a^3} \quad (2.31a)$$

que pode ser escrito

$$\dot{\rho} + 3\frac{\dot{a}}{a}(\rho + p) = 0 \quad (2.31b)$$

que é a relação entre a variação de energia num volume de fluido e o trabalho realizado na expansão adiabática de um fluido perfeito[1].

As equações (2.29) e (2.31) devem ser associadas à equação de estado do fluido .$p_0 = p_0(\rho_0)$

O resto das equações de Einstein são equações triviais ou de segunda ordem limitadas pelas Eqs. (2.29) e (2.30). De facto, as equações de Einstein para as três componentes espaciais diagonais deG_j^i resultam em[1]

$$2\frac{\ddot{a}}{a} + \left(\frac{\dot{a}}{a}\right)^2 + \frac{kc^2}{a^2} = -\frac{8\pi G}{3c^2}\rho_0 \quad (2.32)$$

$$H^2 + \frac{k}{a^2} \equiv \left(\frac{\dot{a}}{a}\right)^2 + \frac{k}{a^2} = \frac{8\pi}{3}G\rho \quad (2.33)$$

, A função$\ddot{a}(t)$ resulta em negativo,

$$2\frac{\ddot{a}}{a} = -\frac{8\pi G}{3c^2}\left(p_0 + \frac{\rho_0}{3}\right) \quad (2.34)$$

E a seguinte equação é adequada para abranger diferentes contribuições para os conteúdos de matéria e energia do universo:

$$p_0(t) = \varpi\rho_0(t) \quad (2.35)$$

Para a poeira (matéria composta por partículas que não colidem entre si) é$\varpi = 0$. Para os gases constituídos por fotões ou outras partículas sem massa e, de uma forma aproximada, por partículas ultra-relativistas (isto é, partículas cuja energia cinética é muito superior à sua energia de repouso), é$\varpi = 1/3$.[1]

Integrando a Eq. (2.31), obtém-se

$$\rho_0(t)a(t)^{1+\varpi} = constant \quad (2.36)$$

A equação (2.36) para a matéria poeirentaϖ =0) diz que a expansão do universo não modifica a energia - essencialmente, o número de partículas - contida num volume de coordenadas (definido por determinados valores de$\Delta\chi\Delta\theta\Delta\phi$). Em vez disso, a energia das fotongas ($\varpi = 1/3$) contida num volume de coordenadas diminui quando o Universo se expande, como consequência do desvio para o vermelho da frequência.

Aquiρ é a densidade de energia da matéria no universo, ep é a sua pressão. A constante gravitacional$G = M_p{}^{-2}$, onde$M_p^2 = 1.2 \cdot 10^{19}\, GeV$ é a massa de Planck.H é a "constante" de Hubble, que em geral é uma função do tempo.

Singularidade do Big Bang: para qualquer valorϖ => -13 Isto significa que se o universo contivesse apenas formas convencionais de matéria e energia, a sua expansão abrandaria como consequência da atração gravitacional entre as suas partes. O fator de escala diminui cada vez mais rapidamente (Figura 2.1) [1]

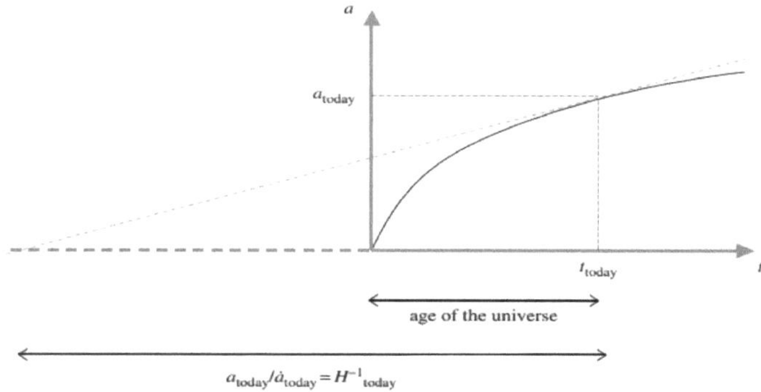

Figura2.1 A idade do universo numa expansão desacelerada

e, de acordo com a Eq. (2.36), densidades de energia crescentes. Conclui-se, portanto, que este comportamento conduziria a um fator de escala nulo num tempo passado finito, em que as distâncias passariam a zero e as densidades (e temperaturas) se tornariam infinitas. Este início singular da evolução do Universo é conhecido pelo nome de Big Bang. [1]

De acordo com a Figura 9.14, o valor atual da constante de Hubble daria um limite superior para a idade do Universo:

$$The\ age\ of\ the\ universe = H^{-1} \sim 14 \times 10^9 years$$

$$\ddot{a} = -\frac{4\pi}{3} G(\rho + 3p)a \qquad (2.37)$$

$$H^2 + \frac{k}{a^2} \equiv \left(\frac{\dot{a}}{a}\right)^2 + \frac{k}{a^2} = \frac{8\pi}{3} G\rho \qquad (2.38)$$

Note-se que

$$\rho = \frac{1}{2}\dot{\varphi}^2 + V \qquad (2.39)$$

(Para esta última equação introduzimos aqui que existem formas mais gerais de "energias de vácuo" do que a LIVE. Aqui consideramos o caso simples em que a energia é dada por um campo escalar realφ com densidade de Lagrange (ver (8,77) [2]) usando assim a expressão eq.(8.45) Ref[1]para o tensor energia-momento. Isto leva à última expressão da densidade de energia)

Ver as equaçõesRef[2] (12.39), (8;45).A expansão acelerada, ou seja, a inflação, acontece sempre que o potencial domina$V \gg \dot{\varphi}^2$)[2 secção 12.5]em que podemos negligenciar o termo$\frac{1}{2}\dot{\varphi}^2$ contra$V$ na equação (2.39) e para grandesa^2 em que podemos negligenciar o termo $\frac{k}{a^2}$ da equação (2.38) estes conduzem a

$$H^2 = \frac{8\pi}{3M_{pl}^2}V \qquad (2.40)$$

Aquiρ é a densidade de energia da matéria no universo, ep é a sua pressão. A constante gravitacional$G = M_p{}^{-2}$, onde$M_p^2 = 1.2 \cdot 10^{19}\, GeV$ é a massa de Planck.H é a "constante" de Hubble, que em geral é uma função do tempo.

Em ambos os casos (e em geral para qualquer meio com $> -\rho/3$), quando$a$ é pequeno, a quantidade$\frac{8\pi G\rho}{3}$ é muito maior do quek/a^2 . A partir de (2.30), verificamos que, para$a$, a expansão do universo é

$$a \sim t^{\frac{2}{3(1+a)}}$$

e para o gás ultrarelativista $a \sim t^{\frac{1}{2}}$ (2.41)

Assim, independentemente do modelo utilizado$(k = \pm 1, 0)$, o fator de escala desaparece num dado momento$t = 0$, e a densidade da matéria nesse momento torna-se infinita. Também se pode mostrar que, nesse momento, o tensor de curvatura $R_{\mu\nu\alpha\beta}$ também vai para o infinito. É por isso que o ponto$t = 0$ é conhecido como o ponto da singularidade cosmológica inicial (Big Bang). Um universo aberto ou plano continuará a expandir-se para sempre.

o aparecimento de um campo escalar constante e homogéneoφ em todo o espaço representa simplesmente uma reestruturação do vácuo e, em certo sentido, o espaço preenchido por um campo escalar constanteφ permanece "vazio" - o campo escalar constante não transporta consigo um referencial preferencial, não perturba o movimento dos objectos que atravessam o espaço que preenche, etc. Mas quando o campo escalar aparece, há uma mudança na densidade de energia do vácuo, que é descrita pela quantidade $V(\varphi)$. Se não existissem efeitos gravitacionais, esta alteração da densidade de energia do vácuo passaria completamente despercebida. Na relatividade geral, no entanto, ela afecta as propriedades do espaço-tempo.$V(\varphi)$ entra na equação de Einstein da seguinte forma:

$$R_{\mu\nu} - \frac{1}{2} g_{\mu\nu} = 8\pi G T_{\mu\nu} = 8\pi G \left(\tilde{T}_{\mu\nu} + g_{\mu\nu} V(\varphi)\right) \qquad (2.42)$$

onde$T_{\mu\nu}$ é o tensor energia-momento total,$\tilde{T}_{\mu\nu}$ é o tensor energia-momento da matéria substantiva (partículas elementares), e$g_{\mu\nu}V(\varphi)$ é o tensor energia-momento do vácuo[6] (φ o campo escalar constante).

com $g_{\nu}^{\mu} V(\varphi)$, verifica-se que a "pressão" exercida pelo vácuo e a sua densidade de energia têm sinais opostos, $p = -\rho = -V(\varphi)$.

teorias. A densidade de energia do vácuo multiplicada por$8 \pi G$ é normalmente designada por constante cosmológicaΛ ; no caso presente,$\Lambda = 8 \pi G V(\varphi)$. O problema da energia do vácuo é, portanto, também chamado de problema da constante cosmológica[3].

Posteriormente, percebeu-se que o campo escalar constante (ou quase constante)φ que aparece nas teorias unificadas das partículas elementares poderia desempenhar o papel de um estado de vácuo com densidade de energia$V(\varphi)$. *A magnitude do campoφ num universo em expansão depende da temperatura (por outras palavras, a temperatura do universo diminuiu à medida que$T \sim a^{-1}(t)$), e nos momentos de transições de fase que alteramφ , a energia armazenada no campo é transformada em energia térmica.* Se, como por vezes acontece, a transição de fase ocorre a partir de um estado de vácuo metaestável altamente super-resfriado, a entropia total do universo pode aumentar consideravelmente depois disso e, em particular, um universo Friedmann frio pode tornar-se quente.

O campoφ inicia as suas oscilações perto do mínimo de ($V(\varphi)$), e a sua energia é transferida para as partículas que são criadas em resultado dessas oscilações. As partículas assim criadas colidem umas com as outras e aproximam-se de um estado de equilíbrio termodinâmico - por outras palavras, o Universo aquece.

O modelo correspondente do universo foi desenvolvido por Chibisov e pelo presente autor. Em 1979-80, um modelo muito interessante da evolução do universo foi proposto por Starobinsky)[3]. O seu modelo baseava-se na observação de Dowker e Critchley de que a métrica de Sitter é uma solução das equações de Einstein com correcções quânticas. Starobinsky observou que esta solução é instável e, após o estado inicial de vácuo decair (a sua densidade de energia está relacionada com a curvatura do espaçoR), o espaço de Sitter transforma-se num universo Friedmann quente [1]. O modelo de Starobinsky provou ser um passo importante no caminho para o cenário do universo inflacionário. No entanto, as principais vantagens da fase inflacionária ainda não tinham sido reconhecidas nessa altura.

limitamos as nossas estimativas às de um universo plano ($k = 0$). As equações (2.31) e (2.32) implicam que a idade de um universo cheio de gás ultrarelativista está relacionada com a quantidade$H = \frac{\dot{a}}{a}$ por $t = \frac{1}{2H}$

e para um universo com a equação[3] de estado$p = 0$, $t = \frac{2}{3H}$

Como sabemos atualmente, a DEQ é apenas uma parte de uma teoria mais vasta. À medida que nos aproximamos das escalas da física nuclear, ou seja, do comprimento$scales\ r \sim 10^{-13}\ cm$ ou das energias$E \sim 200\ MeV$, a existência de novas interações torna-se evidente: as interações fortes são responsáveis, por exemplo, pela ligação dos neutrões e dos protões em núcleos, e as interações fracas são responsáveis por uma série de decaimentos, como o decaimento beta do neutrão em protão, eletrão e antineutrino,$n \rightarrow pe^{-}\bar{\nu}_e$. Uma teoria bem sucedida do decaimento beta já tinha sido proposta por Fermi em 1934. Atualmente, entendemos a teoria de Fermi como uma aproximação de baixa energia a uma teoria mais completa, que unifica as interações fracas e electromagnéticas num único quadro concetual, a teoria electrofraca. Esta teoria, desenvolvida no início da década de 1970, juntamente com a teoria fundamental das interações fortes, a cromodinâmica quântica (QCD), tem sucessos experimentais tão espectaculares que é agora designada por Modelo Padrão. Na última década do século XX, a máquina LEP do CERN efectuou um grande número de medições de precisão, ao nível de uma parte em10^4 , que são todas completamente reproduzidas pelas previsões teóricas do Modelo Padrão. Compreendemos efetivamente as leis da Natureza até à escala de$10^{-17}17\ cm$, ou seja, quatro ordens de grandeza abaixo da dimensão de um núcleo e nove ordens de grandeza abaixo da dimensão de um átomo. Parte da atividade dos físicos de altas energias é hoje em dia dedicada à procura de física para além do Modelo Padrão. Atualmente, a melhor pista para uma nova física vem da recente evidência experimental de oscilações de neutrinos. Estas oscilações implicam que os neutrinos têm uma massa muito pequena, cuja origem mais profunda se suspeita estar relacionada com uma física para além do Modelo Padrão. A quebra espontânea de simetria através do mecanismo de Higgs mostra que o advento do campoφ_0 altera as massas das partículas com as quais interage. A teoria (5) Da mesma forma, os campos escalares podem alterar a massa tanto dos férmions como das partículas vectoriais. Isto pode ser ilustrado por dois modelos mais simples, por exemplo[3]. O primeiro é o modelo simplificado de$\sigma -$, que é por vezes utilizado para uma descrição fenomenológica das interações fortes a altas energias. O segundo é o chamado modelo de Higgs, que descreve um campo vetorial abelianoA_μ (o análogo do campo eletromagnético) que interage com o campo escalar complexo. O Lagrangiano para o primeiro modelo é uma soma do Lagrangiano (6) e do Lagrangiano para os férmions sem massaψ , que interagem comφ com uma constante de acoplamento .h

$$\mathcal{L} = \frac{1}{2}\left(\partial_\mu\right)^2 + \frac{\mu^2}{2}\varphi^2 - \frac{\lambda}{4}\varphi^4 + \bar{\psi}\ \left(i\partial_\mu\gamma_\mu - h\varphi\right)\psi \tag{2.43}$$

Após a quebra de simetria, os férmions adquirem claramente uma massa[3].

$$m_\psi = h|\varphi_0| = h\frac{\mu}{\sqrt{\lambda}} \tag{2.44}$$

Por exemplo, antes do aparecimento do campo escalar constante de Higgs H, o modelo de Glashow-Weinberg-Salam tem$SU(2) \times U(1)$ simetria e as interações electrofracas são mediadas por bosões vectoriais sem massa. Após o aparecimento do campo escalar constante$H$, alguns dos bosões vectoriais ($W_\mu^\pm$ *and* Z_μ^0) adquirem massas de ordem$eH \sim 100\ GeV$, e as interações correspondentes tornam-se de curto alcance (interações fracas), enquanto o campo eletromagnéticoA_μ permanece sem massa. O modelo de Glashow-Weinberg-Salam foi proposto na década de 1960, mas a verdadeira explosão de interesse por estas teorias só ocorreu em 1971-1973, quando se demonstrou que as teorias de calibre com quebra espontânea de simetria são renormalizáveis, o que significa que existe um método regular para lidar com as divergências ultravioletas, como na eletrodinâmica quântica vulgar. A prova da renormalizabilidade para as teorias de campos unificados é bastante complicada, mas a ideia física básica que lhe está subjacente é bastante simples. Antes do aparecimento do campo escalarφ_0 , as teorias unificadas são renormalizáveis, tal como a eletrodinâmica quântica vulgar. Naturalmente, o aparecimento de um campo escalar clássicoφ_0 [3] (tal como a presença de campos eléctricos e magnéticos clássicos) não deve afetar as propriedades de alta energia da teoria; especificamente, não deve destruir a renormalização original da teoria. A criação de teorias de gauge unificadas com quebra espontânea de simetria e a prova de que são renormalizáveis levou a teoria das partículas elementares no início da década de 1970 a um nível de desenvolvimento qualitativamente novo.

*O Lagrangiano (*2.8 *) continha um potencial, que é mínimo para um valor não nulo do campo. Este mínimo corresponde ao estado de vácuo da teoria quântica [5].*

O termo cosmológico, sob a forma de um tensor energia-momento, tem a seguinte redação [6][3]:

$$T_{\Lambda}^{\mu\nu} = \frac{\Lambda}{\kappa^2} g^{\mu\nu} \tag{2.45}$$

Seφ estiver no mínimoφ° a constante cosmológica pode ser escrita como

$$\Lambda_M = \kappa^2 V(\varphi^{\circ}) \tag{2.46}$$

o que significa que este tensor energia-momento pode ser visto como tendo origem num termo cosmológico.
O potencial para o campo de Higgs tem a forma de [6]

$$V(\varphi) = V_0 - \frac{1}{2}\mu^2\varphi^2 + \frac{\lambda}{4}\varphi^4$$

E$V(\varphi^{\circ}) = \boldsymbol{V_0} - (\mu^4/4\lambda)$, para$V_0 = 0$ a constante cosmológica correspondente seria negativa, $-\frac{\mu^4}{4\lambda} = \rho_\Lambda$

Note-se que$T_{\Lambda}^{00} = \frac{\Lambda}{\kappa^2} g^{00} = H$ negligenciando os efeitos gravitacionais. Portanto, pode ser escrito usando (**2.12**)

$$\frac{\Lambda}{\kappa^2} g^{00} = |\dot{\varphi}^{\circ}|^2 + |\nabla\varphi^{\circ}|^2 + V(\varphi^{\circ}) \tag{2.47}$$

para expressar a correspondência do *valor mínimo não nulo do campo*φ° com a energia do vácuo. Além disso, *na métrica de Minkowski*, temos$g^{00} = -c^2$, a última equação torna-se então, [11]

$$\frac{\Lambda}{\kappa^2}c^2 = -|\dot{\varphi}^\circ|^2 - |\nabla\varphi^\circ|^2 - V(\varphi^\circ) \qquad (2.48)$$

Assim, obtemos [11]

$$V(\varphi^\circ) = -\left(\frac{\mu^4}{4\lambda}\right) = -|\dot{\varphi}^\circ|^2 - |\nabla\varphi^\circ|^2 - \frac{\Lambda}{\kappa^2}c^2 \qquad (2.49)$$

O que leva a concluir a constante cosmológica usando (3. 23) como,

$$\Lambda = -\kappa^2\left(\frac{\mu^4}{4\lambda}\right) \qquad (2.50)$$

Substituindo usando (2.40), encontramos[11],

$$\Lambda = -\frac{\kappa^2}{c^2 - 1}\left(|\dot{\varphi}^\circ|^2 + |\nabla\varphi^\circ|^2\right) \qquad (2.51)$$

Além disso, a variação zero do campo de Higgs produzida sob a condição$|\dot{\varphi}^\circ|^2 + |\nabla\varphi^\circ|^2 = 0$ pode impor que a variação zero do campo de Higgs é a causa de certos bosões sem massa permanecerem sem massa, e pode ilustrar isto usando (2.39) pela forma,[11]

$$V(\varphi^\circ) = -\frac{c^2}{\kappa^2}\Lambda \qquad (2.52)$$

Além de descrever a expansão do Universo e esclarecer a origem da nucleossíntese da radiação cósmica de fundo, o modelo padrão do Big-Bang também explica a razão de abundância de hidrogénio-hélio no Universo. A nucleossíntese primordial - o processo em que protões e neutrões livres se juntam para compor nuclídeos leves - ocorreu quando o Universo arrefeceu abaixo de$10^9\ K$. Uma vez que a massa do protão é$1.3\ MeV$ menor do que a massa do neutrão, o neutrão decai para um protão (decaimentoβ) através da emissão de um eletrão e de um anti-neutrino. As altas temperaturas do Universo primitivo também permitem processos inversos, porque as partículas têm energia cinética suficiente para ultrapassar a diferença de massa entre o protão e o neutrão. Assim, resultou uma relação de equilíbrio, que dependia da temperatura e da diferença de massa entre o protão e o neutrão. Assim, resultou uma relação de equilíbrio, que dependia da temperatura e da diferença de massa. Quando o Universo se expandiu para arrefecer abaixo de $10^{10}\ KkT\ \sim\ 1MeV$, a energia cinética das partículas tornou-se insuficiente para produzir neutrões a partir de protões s. Os neutrões então presentes poderiam ter terminado a sua vida decaindo todos em protões; no entanto, à temperatura de$10^9\ K$. os fotões não tinham a energia necessária para evitar que os neutrões e os protões se juntassem para compor os núcleos de deuterões e de hélio. Graças a estas estruturas estáveis, a relação protão-neutrão foi congelada. A nucleossíntese primordial produzia sobretudo nuclídeos leves, principalmente hidrogénio e hélio, e alguns deutérios e lítio (os nuclídeos pesados são sintetizados nas estrelas e nas supernovas). Em 1948, G. Gamow calculou que, na altura da nucleossíntese, havia sete protões por cada neutrão, pelo que a razão entre o hélio "primordial" (também as estrelas podem produzir hélio) e o hidrogénio devia ser de 1-3, o que está de acordo com a razão observada. Na época anterior à nucleossíntese, as temperaturas mais elevadas permitiam obter as energias necessárias para criar partículas maciças, como pares positrão-eletrão, outros leptões (muões e tauões), piões, etc. Em alturas em que$kT\ \sim\ 300\ MeV$. ou maiores, os quarks que constituem os hadrões (bariões e mesões) estavam livres. Mas, enquanto a expansão arrefecia o Universo, os iões aniquilavam-se em fotões. Depois veio a aniquilação dos muões e dos tauões. Em $T\ \sim\ 3\times10^{10}KkT\ \sim\ 3MeV$

o equilíbrio entre electrões, positrões e neutrinos terminou (a aniquilação dos pares positrão-eletrão tornou-se mais importante do que a sua criação pelos neutrinos); os neutrinos separaram-se da matéria e começaram a viajar livremente. Em$T\ \sim 5\times10^{10}K\ (kT\ \sim\ 3MeV{\sim}mc^2$) os pares positrão-eletrão aniquilaram-se em fotões. Este processo reaqueceu o gás de fotões; assim, a temperatura dos fotões tornou-se mais elevada do que a temperatura dos neutrinos. A temperatura atual dos neutrinos é$1{,}9\ K$. . Como as massas dos neutrinos seriam muito pequenas (1 eV ou menos), eles eram ultrarelativistas durante a era dominada pela radiação. No final da nucleossíntese, o Universo continha sobretudo fotões, neutrinos, electrões, protões, núcleos $^{de\,(4)}$He e matéria escura não-bariónica, e era dominado pela radiação. O domínio da radiação terminou no tempot_m quando$\rho_0^{rad}(t_m) = \rho_0^{mat}(t_m)$, pouco antes do tempo de dissociação dos fotões. No modelo padrão do Big-Bang, o universo passa por uma era dominada pela radiação que é seguida por uma era dominada pela matéria. As equações (2.32) e (2.36) regem esta evolução[1].

o conceito de quebra espontânea de simetria[3][5] desempenha um papel importante na descrição das teorias de gauge. Verifica-se que este processo também desempenha um papel crucial na dinâmica do Universo primitivo. A quebra espontânea da simetria que está presente na Lagrangiana é geralmente conseguida através da introdução de um campo escalar de Higgs com a ação (no espaço-tempo plano) dada por

$$S_{\text{Higgs}} = \int \left[\frac{1}{2}\varphi_i\varphi^i - V(\varphi)\right] d^4x \tag{2.53}$$

O potencial$V(\varphi)$ é escolhido de tal forma que possui um mínimo num valor diferente de zeroφ_0 deφ . Ou seja, ; ; .$V'(\varphi_0) = 0 V''(\varphi_0) > 0 \varphi_0 \neq 0$

O "estado fundamental" terá então um valor de expetativa de vácuo diferente de zero para$\langle\varphi\rangle = \varphi_0$, o que quebrará a simetria. Em teorias de calibre realistas (por exemplo,$SU(5$ "), o campo escalar não será uma entidade única. Normalmente trabalha-se com um conjunto de campos escalares de Higgs ,$\varphi^A A = 1, 2, \dots\dots N$ onde$N$ é o número de geradores do grupo. É então preferível trabalhar com a matriz

$$\varphi = \varphi^A \tau_A \tag{2.54}$$

ondeτ_A são os geradores do grupo numa qualquer representação matricial particular. O potencial$V(\varphi)$ é, evidentemente, um número escalar e é geralmente considerado como tendo a forma [3]

$$V = -\frac{1}{2}\mu^2 Tr\varphi^2 + \frac{1}{4}a(Tr\varphi^2)^2 + \frac{1}{2}bTr\varphi^4 + \frac{1}{3}cTr\varphi^3 \tag{2.55}$$

onde ,$\mu^2 a, b, c$ são constantes que aparecem na teoria. O valor de expetativa do vácuo tem agora de ser especificado para cada um dos componentesφ^A . A estrutura mínima detalhada$of\ V(\varphi)$ depende então dos valores das constantes específicas (,$\mu^2 a, b, c$) em$V(\varphi)$. Um dos modelos populares baseia-se no grupoSU (5), que é o grupo de multiplicação de5×5 matrizes complexas unitárias de determinante unitário. É fácil ver que$SU(n)$ terá geradores$(n^2 - 1)$, de modo queSU (5), tem24 . Na teoria de calibre baseada nessaSU (5), precisaríamos de24 campos de calibre. A quebra de simetria é conseguida através de um campo de Higgs que se transforma na representação adjunta deSU (5). Assim, precisamos de 24 componentes de Higgs, que são representadas como uma matriz, como mencionado em (2.54)

2.3 O mecanismo de Coleman-Weinberg

Para produzir a quebra de simetria, tivemos de introduzir na nossa discussão um potencial$V(\varphi)$ com mínimos clássicos não triviais. Embora não haja nada na teoria que o proíba, temos de admitir uma certa falta de naturalidade nesta escolha. Teria sido muito melhor se pudéssemos produzir um potencial$V(\varphi)$ (com mínimos não triviais) através de algum argumento dinâmico. S. Coleman e E. Weinberg mostraram que, na versão renormalizada da eletrodinâmica escalar "sem massa", o campo escalar adquire um valor de expetativa de vácuo arbitrário$\langle\varphi\rangle$, embora classicamente$\langle\varphi\rangle$ seja zero. Vamos agora indicar a sua linha de argumentação. A eletrodinâmica escalar sem massa é descrita pela Lagrangiana[5]

$$\mathcal{L} = -\frac{1}{4}F^{ik}F_{ki} + [(\partial_i - igA_i)\varphi^\dagger]\left[\left(\boldsymbol{\partial}^i + igA^i\right)\varphi\right] - \frac{\lambda_0}{6}\left(\varphi\varphi^\dagger\right)^2 \quad (2.56)$$

Os dois primeiros termos descrevem um campo escalar carregado e sem massa que interage com o campo eletromagnético. O último termo introduz um auto-acoplamento quártico para o campoφ com uma constante de acoplamento nuaλ_0 . Ao nível clássico, temos claramente

$\langle 0|\varphi|0\rangle = 0$ e $\langle 0|A_i|0\rangle = 0$

Aqui o potencial para o campo escalar, no nível clássico, é apenas

$$V(\varphi)\frac{\lambda_0}{6}\left(\varphi\varphi^\dagger\right)^2 \quad (2.57)$$

Queremos agora considerar um potencial efetivo para o campo escalar que tenha em conta a interação com oA_i , gostaríamos de examinar a possibilidade de as correcções radiativas das flutuações quânticas do campo vetorial produzirem um potencial efetivo com mínimos não nulos. À primeira vista, o leitor pode pensar que isto é impossível. O Lagrangiano em (2.44) não contém nenhuma constante de acoplamento dimensional. Assim, pode considerar-se que o potencial efetivo, qualquer que seja a sua forma, não pode ter uma constante dimensional. Uma vez que φ tem uma dimensão não trivial, não podemos ver a priori onde é que uma nova escala pode entrar na teoria. A resposta tem a ver com o processo de renormalização. É possível que$\langle\varphi\rangle$ seja diferente de zero, mas arbitrário quando as correcções radiativas são tidas em conta. A resposta tem a ver com o processo de renormalização. Fazendo uma transformação de calibre, podemos eliminar completamente a parte de fase de .φ

O Mecanismo de Coleman-Weinberg produz um potencial efetivo[5] que é dado por

$$V_{eff}(\varphi) = \frac{3q^4\varphi^4}{64\pi^2}\left(\ln\frac{\varphi^2}{\langle\varphi\rangle^2} - \frac{1}{2}\right) \qquad (2.58)$$

Como em qualquer teoria renormalizada, este potencial envolve uma escala arbitrária $\langle\varphi\rangle$

Note-se que$V_{eff}(\varphi)$ tem um mínimo em$\varphi = \langle\varphi\rangle$, como se mostra na Figura 5.2. As excitações físicas em torno deste mínimo dão ao campo escalar a massa

$$m_s^2 = \frac{3q^4}{8\pi^2}\langle\varphi\rangle^2 \qquad (2.59)$$

O campo vetorial adquire a massa

$$m_v^2 = q^2\langle\varphi\rangle^2 \qquad (2.60)$$

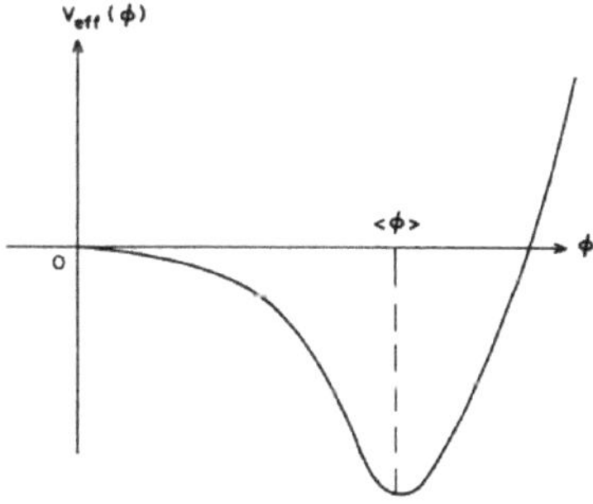

Fig. 2.1 O potencial efetivo de Coleman-Weinberg da Equação (2.58). Note-se que a curva é muito plana perto de$\varphi = 0$.[5]

2.3 O potencial de Coleman-Weinberg-Weinberg no modelo inflacionário vamos agora assumir que a quebra de simetria ocorre através de correcções radiativas e escolher o potencial efetivo como sendo do tipo Coleman-Weinberg. A forma do potencial é ilustrada na (Figura 2.2), e é dada por

$$V(\varphi) = \frac{25}{16}\alpha^2\left[\varphi^4 \ln\left(\frac{\varphi^2}{\sigma^2}\right) + \frac{1}{2}(\sigma^4 - \varphi^4)\right] \qquad (2.61)$$

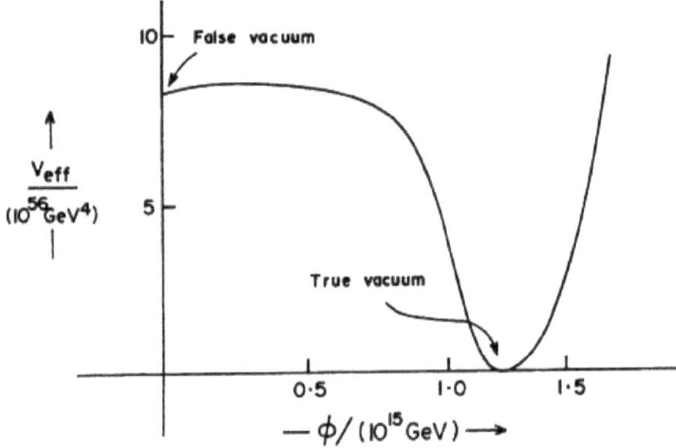

Fig. 2.2 O potencial de Coleman-Weinberg utilizado no esquema inflacionário modificado[5].

Aquiα^2 é a constante de acoplamento forte com o valor$\sim {}^{1}/_{45}$ eσ de$V(\varphi)$ é o valor mínimo simétrico quebrado de$V(\varphi)$ que é da ordem de$1{,}2 \times 10^{15} GeV$. este potencial é extremamente suave perto de$\varphi = 0$ com as três primeiras derivadas de$V$ a desaparecerem. A temperaturas finitas, o potencial é modificado pelas correcções de temperatura finita. Para pequenas$T$ o ponto$\varphi = 0$ torna-se num mínimo local com uma barreira potencial de altura $\sim T^4$ e largura$T$. Comecemos novamente com o universo que se encontra na fase dominada pela radiação em$T > 10^{15} GeV$ O mecanismo atual difere da ideia original da seguinte forma. Assumamos que as flutuações térmicas ou quânticas permitem que o campo atravesse a 'colisão', produzida por efeitos de temperatura finita, numa determinada fase. Uma vez que a barreira de potencial é pequena e as flutuações térmicas estão presentes nesta fase de alta temperatura, esta parece ser uma hipótese razoável. A questão é que, uma vez que o potencial é muito plano perto de$\varphi = 0$, , o campoφ demora muito tempo a 'rolar para baixo' ao longo do declive do potencial para atingir a região$\varphi \sim \sigma$. Esta rolagem é regida pela equação clássica

$$\ddot{\varphi} + 3\,\frac{\dot{a}}{a}\dot{\varphi} = -\,\frac{\partial V}{\partial \varphi} \qquad (2.62)$$

Esta equação resultou aqui, por exemplo, de (2.31b) e (2.39) (ver equação (12.94) , Ref[2],) e tem de ser integrada numericamente.

Então, negligenciando o termo$\ddot{\varphi}$, o "rolamento lento" pode ser descrito pela solução

$$\varphi^2(t) \approx -\frac{3H}{2\lambda t} + \text{const} \qquad (2.63)$$

Uma integração numérica exacta mostra o comportamento representado na Figura (2.3). Claramente,φ permanece constante durante cerca de 40 ou 50 tempos de e-folding. Durante toda esta fase, o potencial V(φ) mantém-se num valor quase constante em$V(0)$, conduzindo a inflação[5].

Quando o campo "atinge" o valor$\sim\sigma$, rapidamente "desce" para o valor zero e depois oscila em torno do mínimoφ . Na imagem clássica deφ que estamos a utilizar,φ deve ser considerado como um tipo de estado coerente para o campo de Higgs. O decaimento deφ para outras partículas actua como um mecanismo de amortecimento destas oscilações. Assim, a queda deφ para o valor zero e o amortecimento das oscilações reaquecem o Universo até $10^{14} GeV$.

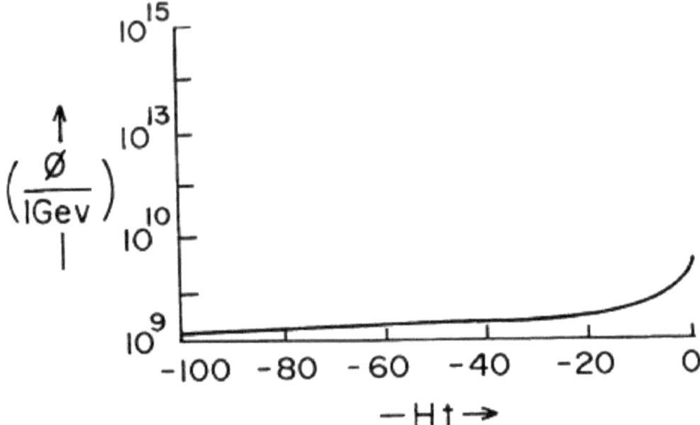

Fig. 2.3. A evolução do campo escalar no cenário inflacionário com potencial de ColemanWeinberg Esta curva é obtida pela integração numérica da Equação (2.62).

3. Campo de Higgs e modelos cosmológicos
3.1 Campo de Higgs e universo de sitter

Quando temos uma simetria, a carga correspondente é conservada. Na mecânica quântica não relativista, isto significa que a carga comuta com o Hamiltoniano; por conseguinte, podemos diagonalizar simultaneamente a carga e o Hamiltoniano, e os estados próprios da energia podem ser identificados pelo valor da carga. Por exemplo, num sistema invariante sob rotações espaciais, o momento angular é conservado e os estados podem ser identificados pela sua energia$E$, momento angular$J$ e porJ_z . Em cada nível de energia temos$2J + 1$ estados degenerados, correspondentes aos$2J + 1$ valores possíveis de .J_z

Em FQT a situação é mais complicada porque depende também do **comportamento do estado de vácuo sob a transformação de simetria**. Há duas possibilidades: **se o estado de vácuo for único**, então deve ser invariante sob a simetria. Se, no entanto, for degenerado, é possível que uma transformação de simetria o leve a um novo estado de vácuo. Esta última possibilidade corresponde à quebra espontânea de simetria, e **foi discutida no Capítulo** 3, quando ilustrámos que a transformação produz a quebra de simetria que aparece em dois campos (campo de Higgs), um maciço e outro não maciço.

Assim, o potencial de Higgs será escrito de acordo com (2.42)

$$V(\varphi^{\circ}) = -\frac{c^2}{\kappa^2}\Lambda = \frac{c^2}{c^2-1}\left(\left|\dot{\varphi}^{\circ}\right|^2 + \left|\nabla\varphi^{\circ}\right|^2\right) \tag{3.1}$$

Em que viola a transformação de simetria ao variarΛ ;

$$V\left(e^{i\alpha}\varphi^{\circ}\right) = -\frac{c^2}{\kappa^2}\Lambda = e^{i\alpha}\ \frac{c^2}{c^2-1}\left(\left|\dot{\varphi}^{\circ}\right|^2 + \left|\nabla\varphi^{\circ}\right|^2\right) \neq V(\varphi^{\circ}) \tag{3.2}$$

Isto significa que até uma partícula sem massa pode decair noutras partículas maciças (ver equação (2.34)).

Como mencionámos acima (secção 1), as massas do campo de calibre que medeia a interação fraca podem ser formadas de acordo com o mecanismo de Higgs, que descobriu que os bosões, que são originalmente sem massa, obtêm uma massa efectiva ao interagir com o vácuo, onde a energia do vácuo é representada pelos campos de Higgs.

Se o vácuo for não degenerado, a situação é completamente análoga à da mecânica quântica não relativista e os estados próprios do Hamiltoniano (ou seja, as partículas) são rotulados pelos números quânticos da carga conservada.

Acontece em muitas teorias que, para além da solução trivial$\varphi = 0$, existem outras soluções não triviais das equações euclidianas do movimento, que desaparecem no infinito. Uma situação típica é dada por soluções que descrevem fenómenos de tunelamento entre diferentes vácuos.

O potencial tinha sido escolhido para ser[7]

$$V(\varphi) = \frac{m^2}{2}\varphi^2\left(1 - \frac{\varphi}{\eta}\right)^2 \tag{3.3}$$

Esta é a mecânica quântica euclidiana, com$\varphi(t)$ a desempenhar o papel da posição q(t). Este potencial tem dois mínimos degenerados: um está em$\varphi = 0$ e, na linguagem da teoria de campos, é o vácuo perturbativo; o outro está localizado em$at\ \varphi = \eta$. É claro que, com uma redefinição do campo da forma $\varphi \to \varphi - \eta$

Para procurar outras soluções, observe-se que formalmente a eq. (9**.86, ref[18]**) é a mesma que a ação de uma partícula com coordenada$\varphi(t)$ e massa unitária, movendo-se no espaço de Minkowski num potencial$-V\ (\varphi)$, desta analogia formal depreendemos imediatamente que existe uma solução começando em$t = -\infty\ at\ \varphi = 0$ com um "spece $\dot{\varphi} \to 0^+$, que se aproxima do ponto $\varphi = \eta\ at\ t = +\infty$. Na teoria de campos Minkowskiana original,$\varphi = 0$ e$\varphi = \eta$ são os dois vácuos degenerados, separados por uma barreira de potencial, pelo que esta solução Euclidiana, do ponto de vista da teoria de campos de Minkowski, representa um processo de tunelamento entre os dois vácuos. Chamaremos a esta solução euclidiana um "instantão"[7]

Pode-se usar (2.43) para descrever o potencial que corresponde a uma partícula sem massa para obter, de acordo com (4.3), o seguinte

$$-\frac{c^2}{\kappa^2}\Lambda = V(\varphi^\circ) = \frac{m^2}{2}\varphi^{\circ 2}\left(1 - \frac{\varphi^\circ}{\eta}\right)^2 \tag{3.4a}$$

Então temos para esta situação$m = 0$, o termo da esquerda$\frac{c^2}{\kappa^2}\Lambda = 0$, assim, no início do universo quando as partículas não tinham massa originalmente $(m = 0)$,; verificamos que, a equação (3.4a) dizia para o caso $(m = 0)$ que a constante universal **c** ,era igual a zero o que significa que o universo tinha sido iniciado a partir de um buraco negro. Assim como podemos dizer que o horizonte deste buraco negro representa uma barra de potencialH^{-1} na qual o universo se tuneliza.▫

A analogia entre um buraco negro e o espaço de Sitter[3] também é útil no estudo dos efeitos quânticos no universo inflacionário. É sabido, por exemplo, que os buracos negros se evaporam, emitindo radiação à temperatura de Hawking $T_H = \frac{M_p^2}{4\pi r_g}$

onde M é a massa do buraco negro. Existe um fenómeno semelhante no espaço de Sitter, onde um observador se sentirá como se estivesse num banho térmico a uma temperatura

$$T_H = \frac{H}{2\pi}$$

As primeiras versões do cenário do universo inflacionário baseavam-se na teoria do decaimento de um vácuo super-refrigerado$\varphi = 0$ devido ao tunelamento com criação de bolhas do campoφ no momento da inflação. A teoria de tais processos no espaço de Minkowski revela-se inaplicável às situações mais interessantes, em que a curvatura do potencial efetivo perto do seu mínimo local é pequena em comparação com H^2 . Coleman e De Luccia desenvolveram uma teoria euclidiana do tunelamento no espaço de Sitter, mas a aplicabilidade geral desta teoria ao estudo do tunelamento durante a inflação só foi confirmada muito recentemente[3].

Consideremos, por exemplo, uma teoria com o potencial efetivo com um pequeno mínimo local$\varphi = 0$, tal que$m^2 = \left.\frac{d^{2V}}{d\varphi^2}\right|_{\varphi=0} \ll H^2$; ; o tunelamento numa teoria deste tipo foi estudado por Hawking e Moss[3]. A sua expressão para a probabilidade de tunelamento (Figura 4.1) a partir do ponto$\varphi = 0$ através de uma barreira com um máximo no pontoφ_1 , tem o seguinte aspeto

$$P \sim A\,exp\left[-\frac{3M_p^4}{8}\left(\frac{1}{V(0)} - \frac{1}{V(\varphi_1)}\right)\right]$$

onde$A$ é um qualquer fator multiplicativo com dimensionalidadem^4 . Hawking e Moss assumiram, ao derivar esta equação, que em virtude do teorema da "ausência de cabelo" para o espaço de Sitter.

A sua expressão para a probabilidade de tunelamento (Figura 4.1) a partir do ponto$\varphi = 0$ através de uma barreira com um máximo no pontoφ_1 , tem o seguinte aspeto

$$P \sim A\, exp\left[-\frac{3M_p^4}{8}\left(\frac{1}{V(0)} - \frac{1}{V(\varphi_1)}\right)\right] \qquad (3.4b)$$

onde$A$ é um qualquer fator multiplicativo com dimensionalidadem^4 . Hawking e Moss assumiram, ao derivar esta equação, que em virtude do teorema da "ausência de cabelo" para o espaço de Sitter. Assim, para o tunelamento de partículas sem massa a partir deste buraco negro, pode considerar-se o potencial (2.52) para representar$V(0)$ na relação$(3.4b)$, que dá a probabilidade de tunelamento a partir do ponto$\varphi = \varphi^{\circ}$ (em vez de$\varphi = 0$) através de uma barreira com um máximo no pontoφ_1 .

$$P \sim A\, exp\left[\frac{3M_p^4}{8}\left(\frac{1}{\frac{c^2}{\kappa^2}\Lambda} + \frac{1}{V(\varphi_1)}\right)\right] \qquad (3.4c)$$

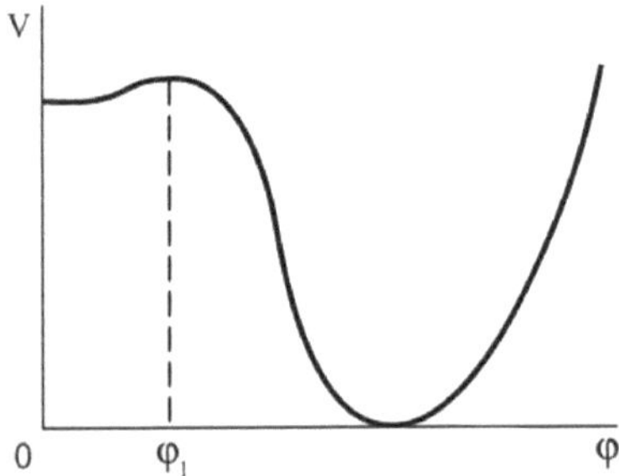

Figura 4.1: O potencial$V(\varphi)$ utilizado por Hawking e Moss para estudar o tunelamento.

Aderindo à ideologia desenvolvida no trabalho de Coleman e De Luccia, Hawking e Moss afirmaram que a probabilidade de tunelamento é proporcional a$exp(S_E(0) - S_E(\varphi))$. Isto também leva à Eq. (3.4b), mas a contribuição para a ação das paredes da bolha não foi tida em conta - por outras palavras, trataram o tunelamento puramente homogéneo que ocorre subitamente em todo o espaço. O resultado (3.4) pode levar a expressar a barreira potencial usando (3.40) e (3.52)

$$H^2 = \frac{8\pi}{3M_{pl}^2}\frac{c^2}{\kappa^2}\Lambda \qquad 53.5c)$$

Onde,

$$V(\varphi^\circ) = H^{-1} = \frac{1}{\sqrt{\frac{8\pi}{3M_{pl}^2}\frac{c^2}{\kappa^2}\Lambda}} \qquad (3.5d)$$

Assim, reescrevemos (3.4c) por

$$P{\sim}A\ exp\left[\frac{3M_p^4}{8}\left(\left(\frac{8\pi}{3M_{pl}^2}\frac{c^2}{\kappa^2}\Lambda\right)^{1/2} + \frac{1}{V(\varphi_1)}\right)\right] \qquad (3.5e)$$

Em 1917, Einstein apresentou a sua solução cosmológica que mostrava um universo estático quando a atração gravitacional da massa do universo é exatamente equilibrada pela repulsão da constante cosmológica. No mesmo ano de 1917, uma nova solução apresentada pelo astrónomo holandês Willem de Sitter (1872-1934) mostrava uma solução cosmológica estática da equação de Einstein em que o universo está vazio de matéria e contém apenas a energia manifestada pela constante cosmológica. O universo de De Sitter expande-se no mesmo tempo quando é considerado um universo estático e não tem princípio nem fim, expandindo-se sempre à mesma taxa exponencial. [1][2]

"O universo de Einstein contém matéria mas não movimento. O universo de De Sitter contém movimento mas não matéria."

O fator de escala mede a expansão ou contração do espaço no tempo.

A cosmologia apresenta os modelos dinâmicos mais simples do espaço-tempo, assumindo que o espaço é homogéneo e isotrópico em grandes escalas. Isto reduz o elemento de linha à forma de Friedmann-Lemaitre-Robertson-Walker (FLRW): (ver também [14])

$$ds^2 = -N(t)^2 d(t)^2 + a(t)^2 d\sigma_k^2 \tag{3.5}$$

$$d\sigma_k^2 = \frac{dr^2}{1 - kr^2} + r^2(d\vartheta^2 + \sin^2\vartheta \, d\varphi^2) \tag{3.6}$$

Com o elemento de linha espacial de um espaço tridimensional de curvatura constante. Só esta forma é compatível com a hipótese de isotropia espacial. As únicas funções livres são a função de lapso$N(t)$ e o fator de escala$a(t)$, enquanto o parâmetro de curvatura constante k pode assumir os valores zero (planura espacial), mais um (curvatura espacial positiva; 3-esfera) ou menos um (curvatura espacial negativa; espaço hiperbólico).

Tanto a função de lapso como o fator de escala devem ser diferentes de zero e podem ser considerados positivos sem perda de generalidade. A função de lapso determina a taxa de relógio pela qual a coordenada t mede o tempo.

No entanto, ao contrário de$N(t)$, não pode ser completamente absorvido em coordenadas, preservando a forma isotrópica do elemento de linha. As suas alterações relativas, como o parâmetro de Hubble$\dot{a}/a$ ou os parâmetros de aceleração relativa, têm, portanto, um significado físico. Eles estão sujeitos às equações dinâmicas dos modelos cosmológicos isotrópicos. Hawking... propôs considerar$N$ como um campo que, em princípio, dá origem a uma família de equações correspondentes a soluções diferentes, cada solução exprimindo um universo.

Além disso, as equações do campo de vácuo correspondem ao tensor energia-momento$T_{\mu\nu} = 0$, para um modelo homogéneo e isotrópico com uma constante cosmológica positiva, a equação de Einstein [1][2] que corresponde às coordenadas temporais é dada em termos do fator de escala como

$$3\frac{\dot{a}^2 + k}{a^2} = 8\pi G\rho + \Lambda \tag{3.7}$$

E que correspondem as coordenadas espaciais é dada por

$$-2\frac{\ddot{a}}{a} - \frac{\dot{a}^2 + k}{a^2} = 8\pi Gp - \Lambda \tag{3.8}$$

As duas equações (3.7) e(3.8) sem constante cosmológica são designadas por equações de Friedmann e produzem

$$\frac{\ddot{a}}{a} = -4\pi G \left(p + \frac{\rho}{3}\right) \qquad (3.9)$$

De acordo com esta última equação, podemos estimar que a gravitação também é determinada pela pressão, em vez da densidade de energia, como se depreende da equação(5.9) A gravitação repulsiva é descrita pela condição $< \frac{-\rho}{3}$.

para um modelo homogéneo e isotrópico com uma constante cosmológica positiva, a equação(5.9) será escrita como,

$$\frac{\ddot{a}}{a} = \frac{\Lambda}{3} - 4\pi G \left(p + \frac{\rho}{3}\right) \qquad (3.10)$$

(esta relação expressa o fluxo do chamado Fluido Cosmológico).

o tempo de Planck é um intervalo de tempo mais curto que podemos estimar. O que é que significa o lado negativo do nosso eixo temporal? Não há informação observável possível antes do tempo de Planck. A situação é ilustrada se considerarmos o universo esférico em expansão como um círculo perpendicular ao eixo do tempo. Ele emerge de uma esfera de dimensão de Planck, ou seja, uma esfera tetradimensional com um raio espacial da ordem do comprimento de Planck e uma dimensão temporal da ordem do tempo de Planck,$10^{-43}s$. Este círculo localizado na origem, .$t = 0$

as equações de Friedman (e outras equações da cosmologia), nada impede o tempo negativo, de acordo com a GR o espaço-tempo unificado numa curva causada pelo tensor energia-momento, então pode-se dizer que o tempo negativo força o surgimento do que se chama o universo espelho na direção do tempo oposto partindo da mesma esfera de Planck**[2]**.

A reação crescente a favor de uma melhor compreensão dos fundamentos interpretativos da física não é uma oscilação do pêndulo da moda do pensamento em direção à metafísica, com origem na perturbação dos valores morais produzida pela grande guerra, nem nada do género, mas é uma reação absolutamente forçada sobre nós por um conjunto cada vez maior de factos experimentais frios.

Esta reação, ou melhor, este novo movimento, foi sem dúvida iniciado pela teoria da relatividade restrita de Einstein. Antes de Einstein, um número cada vez maior de factos experimentais relativos a corpos em movimento rápido exigia modificações cada vez mais complicadas nas nossas noções ingénuas, a fim de preservar a autoconsistência, até que Einstein mostrou que tudo podia ser restaurado a uma simplicidade maravilhosa através de uma ligeira alteração de alguns dos nossos conceitos fundamentais. Os conceitos que foram mais obviamente tocados por Einstein foram os de espaço e tempo, e grande parte da escrita conscientemente inspirada por Einstein tem-se preocupado com estes conceitos. Mas o facto de a experiência obrigar a uma crítica de muito mais do que os conceitos de espaço e tempo torna-se cada vez mais evidente por todos os novos factos que estão a ser descobertos no domínio quântico.

A situação que nos é apresentada por estes novos factos quânticos tem duas vertentes. Em primeiro lugar, todas estas experiências dizem respeito a coisas tão pequenas que estão para sempre para além da possibilidade de experiência direta, pelo que temos o problema de traduzir as provas da experiência para outra linguagem. Assim, observamos uma linha de emissão num espetroscópio e podemos inferir que um eletrão salta de um nível de energia para outro num átomo. Em segundo lugar, temos o problema de compreender a evidência experimental traduzida. É claro que toda a gente sabe que este problema nos coloca as maiores dificuldades.

Os factos experimentais são tão diferentes dos da nossa experiência comum que, aparentemente, não só temos de renunciar a generalizações da experiência passada tão amplas como as equações de campo da eletrodinâmica, por exemplo, como até se questiona se as nossas formas de pensamento comuns são aplicáveis no novo domínio; é frequentemente sugerido, por exemplo, que os conceitos de espaço e de tempo se desintegram.

Podemos agora familiarizar-nos mais com a atitude operacional em relação a um conceito e com algumas das suas implicações, examinando deste ponto de vista o conceito de comprimento. A nossa tarefa é encontrar as operações através das quais medimos o comprimento de qualquer objeto físico concreto. Em princípio, as operações pelas quais o comprimento é medido devem ser especificadas de forma única. Se tivermos mais do que um conjunto de operações, temos mais do que um conceito e, rigorosamente, deve haver um nome separado para corresponder a cada conjunto diferente de operações.

Adotar o ponto de vista operacional envolve muito mais do que uma mera restrição do sentido em que entendemos "conceito", mas significa uma mudança de grande alcance em todos os nossos hábitos de pensamento, na medida em que já não nos permitiremos usar como ferramentas no nosso pensamento conceitos dos quais não podemos dar uma explicação adequada em termos de operações. Nalguns aspectos, o pensamento torna-se mais simples, porque certas generalizações e idealizações antigas se tornam incapazes de serem utilizadas; por exemplo, muitas das especulações dos primeiros filósofos naturais tornam-se simplesmente ilegíveis. Noutros aspectos, porém, o pensamento torna-se muito mais difícil, porque as implicações operacionais de um conceito são frequentemente muito complexas. Por exemplo, é muito difícil compreender adequadamente tudo o que está contido no conceito aparentemente simples de "tempo", e requer a correção contínua de tendências mentais que há muito aceitamos sem questionar.

A analogia entre as propriedades do espaço de De Sitter e as de um buraco negro [3] é muito importante para a compreensão de muitas das caraterísticas do cenário do universo inflacionário, pelo que merece ser aprofundada. É sabido que quaisquer perturbações do buraco negro que se assemelhem à forma da métrica de Schwarzschild

$$dS^2 = \left(1 - r_g r^{-1}\right) dt^2 - \left(1 - r_g r^{-1}\right)^{-1} dr^2 - r^2 d(\theta^2 + \sin^2\theta d\varphi^2) \quad (3.11)$$

são rapidamente amortecidos, e a única caraterística observável que permanece é a sua massa (e a sua carga eléctrica e momento angular, se estiver a rodar). Nenhuma informação sobre os processos físicos que ocorrem no interior de um buraco negro sai da sua superfície (isto é, do horizonte localizado a r = r_g). (a métrica de Schwarzschild não fornece uma descrição dos acontecimentos perto do raio gravitacionalr_g do buraco negro, mas existem sistemas de coordenadas que permitem descrever o que ocorre no interior do buraco negro. Onde a métrica assume a seguinte forma

$$dS^2 = (1 - r^2H^2)dt^2 - (1 - r^2H^2)^{-1} dr^2 - r^2(d\theta^2 + \sin^2\theta d\varphi^2) \quad (3.12)$$

Onde

$0 \leq r \leq H^{-1}$ $r_g = \frac{2M}{M_p^2}$, e M é a massa do buraco negro. o horizonte localizado em$r = r_g$ As equações (4.11) e (4.12) demonstram que o espaço de de Sitter em coordenadas estáticas compreende uma região de raioH^{-1} que parece estar rodeada por um buraco negro, este resultado foi objeto de uma interpretação física através da introdução do conceito de horizonte de acontecimentos (isto é completamente análogo à situação de um buraco negro, de cuja superfície nenhuma informação pode escapar. Num certo sentido concetual, o horizonte de acontecimentos é o complemento do horizonte de partículas: delimita a parte do universo a partir da qual podemos sempre (até um certo tempo tmax) receber informações sobre acontecimentos que se desenrolam agora (no tempo t):

$R_e(t) = a(t) \int_t^{t_{max}} \frac{dt\prime}{a(t')}$, estaremos particularmente interessados no caso$(t) \sim$ $\exp(Ht)$, onde$H = const$. Isto corresponde à métrica de Sitter, e dá

$$R_e = H^{-1}$$

A ideia central deste resultado é que um observador num universo em expansão exponencial vê apenas os acontecimentos que têm lugar a uma distância não superior aH^{-1} ,

A analogia entre as propriedades do espaço de Sitter e as de um buraco negro é muito importante para a compreensão de muitas das caraterísticas do cenário do universo inflacionário. Por outras palavras, *o análogo da métrica de Schwarzschild é a métrica para um espaço de Sitter plano (ou aberto).*

A generalização deste "teorema" para o espaço de Sitter diz que qualquer perturbação deste último será "esquecida" a uma taxa exponencialmente elevada; ou seja, após

um tempo$t \gg H^{-1}$ *, o universo tornar-se-á localmente indistinguível de um espaço de Sitter completamente homogéneo e isotrópico. Por outro lado, devido à existência de um horizonte de eventos, todos os processos físicos numa dada região do espaço de Sitter são independentes de tudo o que acontece a uma distância superior a*H^{-1} *dessa região.*

Da mesma forma que um observador que cai num buraco negro não nota nada de excecional quando faz o mergulho final através da esfera de Schwarzschild r = rg, também um observador no espaço de Sitter que se encontra num ponto inicial$r = r_0 < H^{-1}$ emerge da região descrita pelas coordenadas (4.11) após um intervalo de tempo próprio definido (medido pelos seus próprios relógios). (Enquanto isto se passa, um observador estacionário situado$at\ r = \infty$ na métrica (3.12) ou em$t = 0$ na métrica (3.11) nunca esperará ver o seu amigo desaparecer para lá do horizonte, mas receberá cada vez menos informação). Na ausência de observadores, matéria ou mesmo partículas de teste, esta falta de estacionariedade é uma "coisa em si", uma vez que as caraterísticas invariantes do próprio espaço de Sitter que estão associadas ao tensor de curvatura são independentes do tempo. Assim, por exemplo, a curvatura escalar do espaço de Sitter é

$$R = H^2 = const.$$

Por conseguinte, se o universo inflacionista fosse simplesmente um espaço de Sitter vazio, seria difícil falar da sua expansão. Seria sempre possível encontrar um sistema de coordenadas em que o espaço de Sitter parecesse, por exemplo, como se estivesse a contrair-se, ou como se tivesse um tamanho $\sim= H^{-1}$ (Eqs. (3.11), (3.12)). Mas no universo inflacionário, a invariância de Sitter ou é quebrada espontaneamente (devido ao decaimento do vácuo de Sitter inicial), ou é quebrada devido a uma disparidade inicial entre o universo atual e o espaço de Sitter. Em particular, o tensor energia-momento$T_{\mu\nu}$ no cenário de inflação caótica, embora esteja próximo de$g_{\mu\nu}V(\varphi)$, nunca é exatamente igual a este último, e nas últimas fases da inflação[3] a magnitude relativa da energia cinética do campo$\frac{1}{2}\dot{\varphi}$ torna-se grande em comparação com$g_{\mu\nu}V(\phi\ )$, e a diferença entre o tensor$T_{\mu\nu}$ e$g_{\mu\nu}V(\phi\ )$, torna-se significativa. A distinção entre o espaço de Sitter estático e o universo inflacionário torna-se especialmente clara a nível quântico, quando se analisam as inomogeneidades de densidade$\delta\rho/\ \rho$ que surgem no momento da inflação. Assim, se o campoφ fosse constante e o universo em inflação fosse indistinguível do espaço de Sitter, então, após o fim da inflação, o nosso universo seria altamente não homogéneo. Por outras palavras, um tratamento correto do universo inflacionário exige que tenhamos em conta não só as suas semelhanças com o espaço de Sitter, mas também as suas diferenças, especialmente nas últimas fases da inflação, quando se formou a estrutura da parte observável do universo.

No entanto, assume-se geralmente que a densidades$\rho \sim^{>} M_p^4 \sim 10^{94}\ g/cm^3$, os efeitos da gravidade quântica são tão significativos que as flutuações quânticas da métrica excedem o valor clássico de$g_{\mu\nu}$, e o espaço-tempo clássico não fornece uma descrição adequada do universo

3.2 Forma de covariância global do campo de Higgs

O pensamento operacional revelar-se-á, a princípio, uma virtude antissocial; encontrar-se-á perpetuamente incapaz de compreender a conversa mais simples dos seus amigos e tornar-se-á universalmente impopular ao exigir o significado dos termos aparentemente mais simples de cada argumento. É possível que, depois de cada um se ter educado para esta melhor forma, subsista uma tendência antissocial permanente, porque, sem dúvida, grande parte da nossa conversa atual tornar-se-á desnecessária. O socialmente otimista pode, no entanto, aventurar-se a esperar que o efeito final seja libertar as energias de cada um para um intercâmbio de ideias mais estimulante e interessante[16].

O princípio da covariância e o princípio da equivalência podem ser utilizados para obter uma descrição do que acontece na presença da gravidade. O princípio da relatividade é um princípio físico. Diz respeito a fenómenos físicos. Motiva a introdução de um princípio formal chamado princípio da covariância: as equações de uma teoria física devem ter a mesma forma em todos os sistemas de coordenadas[2].

Consideremos a ação de KG com o termo de massa,[7]

$$S = \int d^4x \frac{1}{2} \ \eta^{\mu\nu} \partial_\mu \varphi \partial^\nu \ \varphi + \frac{1}{2} \ m^2 \varphi^2 + V(\varphi) \tag{3.11}$$

em que representa a ação de uma teoria de campos escalares em$D$ dimensões euclidianas

Assim, temos um termo de massa, um acoplamento cúbico e um acoplamento quártico (equação .(3.3))

Esta é a mecânica quântica euclidiana, com$\varphi(t)$ a desempenhar o papel da posição$q(t)$. No entanto, continuaremos a usar a notaçãoφ e a linguagem típica da teoria dos campos, para sublinhar que muitas ideias gerais se aplicam à teoria dos campos em D dimensões euclidianas.

Vemos então que a ação euclidiana é definida positivamente e ,$e^{iS} = e^{-S_E}$. utilizámos a convenção de que os índices de Lorentz repetidos, tanto inferiores como superiores, são somados com a métrica euclidiana$\eta^E_{\mu\nu} = (+,+,+,+)$. Por conseguinte, o integral de trajetória sobre configurações de campo euclidianas$\varphi(t_E\,, x)$ está bem definido. (Definimos o tempo euclidianot_E como$t_E = it$.)[7]

$$\partial_\mu \varphi \partial_\mu \varphi \ \equiv \ \left(\partial_{t_E} \varphi\right)^2 + (\partial_i \varphi)^2 \tag{3.12}$$

Consequentemente, o termo de massa da equação (3.41) pode ser escrito como

$$(\boldsymbol{\mu^4/4\lambda}) \boldsymbol{e^{2i\theta}} = \frac{\boldsymbol{1}}{\boldsymbol{c^2 - 1}} \left(|\dot{\varphi}^{\circ}|^2 \boldsymbol{e^{2i\theta}} + |\nabla \varphi^{\circ}|^2 \boldsymbol{e^{2i\theta}} \right) \tag{3.13}$$

$$(\boldsymbol{\mu}^4/4\boldsymbol{\lambda})e^{2i\theta} = \frac{1}{c^2-1}\left(\left(\partial_{t_E}\varphi^{\circ}\right)^2 + (\nabla\varphi^{\circ})^2\right) \tag{3.14}$$

$$(\boldsymbol{\mu}^4/4\boldsymbol{\lambda}) = \frac{e^{-2i\theta}}{c^2-1}\partial_\mu\varphi^{\circ}\partial_\mu\varphi^{\circ} \tag{3.15}$$

Usando (2.41), (3.42), a métrica (3.12) e (3.15), podemos descrever o potencial de Higgs como

$$V(\varphi^{\circ}) = -\beta(\theta)\partial_\mu\varphi^{\circ}\partial_\mu\varphi^{\circ} \tag{3.16}$$

Onde,

$$\beta(\theta) = \frac{e^{-2i\theta}}{c^2-1} \tag{4.17}$$

Além disso, a constante cosmológica que se refere à energia do vácuo, de acordo com (3.42) pode ser escrita como,

$$\Lambda = -\kappa^2\,\beta(\theta)\partial_\mu\varphi^{\circ}\partial_\mu\varphi^{\circ} \tag{3.18}$$

$$S = \int d^4x\left[\left(\frac{1}{2} - \beta(\theta)\right)\partial_\mu\varphi^{\circ}\partial_\mu\varphi^{\circ} + \frac{1}{2}\,m^2\varphi^{\circ 2}\right] \tag{3.19}$$

no caso em que$\theta = 0$, *temos*

$$\beta(0) = \frac{1}{c^2-1}$$

De acordo com (2.5) temos$m^2 = 3\lambda\varphi^2 - \mu^2$, e portanto a ação (3.19) passa a ser escrita como

$$S = \int d^4x\left[\left(\frac{1}{2} - \beta(\theta)\right)\partial_\mu\varphi^{\circ}\partial_\mu\varphi^{\circ} + \frac{1}{2}\left(-\mu^2\varphi^{\circ 2} + 3\lambda\varphi^{\circ 4}\right)\right] \tag{3.20}$$

Para uma partícula sem massa, a representação da ação em termos do campo de Higgs escreve-se de acordo com(3.11) , e (3.19)

$$S = \int d^4x \left[\left(\frac{-1}{2} \right) \partial_\mu \varphi^\circ \partial_\mu \varphi^\circ \right] \qquad (3.21)$$

O sinal menos na ação (4.21) é devido à introdução do potencial de Higgs pela forma de covariância global (equação (3.16). Note-se que o resultado (3.21) corresponde à expressão da ação de ((8.77) Re [2]) por ide do fator $\left(\frac{-1}{2} \right)$.

Em termos físicos, a razão para o aparecimento de inomogeneidades de grande escala num universo inflacionário está relacionada com a reestruturação do estado de vácuo resultante da expansão exponencial do universo. É bem sabido que a expansão do Universo conduz frequentemente à produção de partículas elementares. Acontece que as partículas habituais são produzidas a uma taxa muito baixa durante a inflação, mas a inflação converte as flutuações quânticas de curto comprimento de onda$\delta\varphi$ do campoφ em flutuações de longo comprimento de onda.

o campo clássico de onda longaφ , que aparece durante as primeiras fases do processo, começa a diminuir em resultado da descida lenta em direção ao ponto$\varphi = 0$, de acordo com a equação clássica do movimento[2]

$$\ddot{\varphi} + 3H\dot{\varphi} = -\frac{dV}{d\varphi} = -m^2\varphi \qquad (3.22)$$

De acordo com[20][22] a

$$H^2 + \frac{k}{a^2} \equiv \left(\frac{\dot{a}}{a}\right)^2 + \frac{k}{a^2} = \frac{8\pi}{3M_p^2}\left(\frac{\dot{\varphi}^2}{2} + \frac{(\nabla\varphi)^2}{2} + V(\varphi)\right) \qquad (3.23)$$

Ao mesmo tempo, o campoφ satisfaz a equação,

$$\ddot{\varphi} + 3\frac{\dot{a}}{a}\dot{\varphi} - \frac{1}{a^2}\Delta\varphi = -\frac{dV}{d\varphi} \quad (3.24)$$

Para um campo suficientemente uniforme e de variação lentaφ ,($\ddot{\varphi} \leq \frac{dV}{d\varphi}$)

No entanto, quando o comprimento de onda de uma flutuação$\delta\phi$ excede o horizonte H^{-1} em tamanho, a sua amplitude é "congelada" (devido ao termo de amortecimento 3 H$\dot{\phi}$ em)(3.22).

Assim, a partir de (3.23), sob a consideração$\left(\dot{\varphi}^2, (\nabla\varphi)^2 \ll V(\varphi)\right)$ do parâmetro de Hubble paraa^2 grande, em que podemos negligenciar o termo$\left(\frac{k}{a^2}\right)$, fica escrito como (equação (12.43 [2])

$$H^2 = \frac{8\pi}{3M_{Pl}^2} V \tag{3.25}$$

O que é o mesmo resultado que (3.40)

Substituindo$V$ da (equação (3.16), encontramos,

$$H^2 = -\frac{8\pi}{3M_{Pl}^2} \beta(\theta)\partial_\mu\varphi^\circ\partial_\mu\varphi^\circ \tag{3.26}$$

E

$$M_{Pl}^2 = \frac{8\pi}{3H^2} \beta(\theta)\partial_\mu\varphi^\circ\partial_\mu\varphi^\circ \tag{3.27}$$

A equação (4.25) talvez corresponda fisicamente à interpretação apresentada na Ref[22] página 41 como:

" Consideremos uma tal região do universo com uma dimensão inicial$O(M_P^{-1})$, na qual$\partial\mu\varphi\ \partial\mu\varphi$ e os quadrados das componentes do tensor de curvatura$R_{\mu\nu\alpha\beta}$, que são responsáveis pela não homogeneidade e anisotropia do universo, são várias vezes menores do que$V(\varphi) \sim M_P^4$. Uma vez que todas estas quantidades são tipicamente da mesma ordem de grandeza, de acordo com$[(1.7.7)$: $\partial_0\varphi\ \partial^0\varphi \sim M_P^4$- $(1.7.10)$: $\partial_i\varphi\ \partial^i\varphi \sim M_P^4$, $V(\varphi) \sim M_P^4$, $R^2 \sim M_P^4)]$, a probabilidade de existirem regiões do tipo especificado não deve ser muito inferior à unidade de . A evolução subsequente de tais regiões revela-se extremamente interessante."

O comportamento do campo$\varphi(t)$, é

$$\varphi(t) = \varphi_0 \exp\left(-\sqrt{\frac{\lambda}{6\pi}}\, M_P t\right) \tag{3.28}$$

Onde, $.a \sim e^{Ht}$

Assim, sob a consideração de que a curvatura escalar é escrita depende do parâmetro de hubble como

$$R_{\mu\nu} = 3H^2 g_{\mu\nu} \tag{3.29}$$

Podemos encontrar usando 3.26) a seguinte equação

$$R_{\mu\nu} = 3\frac{8\pi}{3M_{Pl}^2}\ \beta(\theta)g_{\mu\nu}\partial_\mu\varphi^\circ\partial_\mu\varphi^\circ \qquad (3.30)$$

Então,

$$R_{\mu\nu} = \frac{8\pi}{M_{Pl}^2}\ \beta(\theta)g_{\mu\nu}\partial_\mu\varphi^\circ\partial_\mu\varphi^\circ \qquad (3.31)$$

3.3 O campo de Higgs e a Relatividade Geral

As equações do campo gravitacional [10] para a teoria da relatividade geral são

$$R_{\mu\nu} - \frac{1}{2}Rg_{\mu\nu} + \Lambda\, g_{\mu\nu} = \kappa T_{\mu\nu} \qquad (3.32)$$

Substituindo (5.31) e (5.18), chegamos a

$$\frac{8\pi}{M_{Pl}^2}\ \beta(\theta)g_{\mu\nu}\partial_\mu\varphi^\circ\partial_\mu\varphi^\circ - \frac{1}{2}Rg_{\mu\nu} - \kappa^2\ \beta(\theta)g_{\mu\nu}\partial_\mu\varphi^\circ\partial_\mu\varphi^\circ = \kappa T_{\mu\nu} \ (3.33)$$

Para o espaço vazio ($T_{\mu\nu} = 0$ *preenchido com o campo de Higgs, temos portanto,*

$$-\frac{1}{2}Rg_{\mu\nu} - \kappa^2\ \boldsymbol{\beta(\theta)g_{\mu\nu}\partial_\mu\varphi^\circ\partial_\mu\varphi^\circ} = -\frac{8\pi}{M_{Pl}^2}\ \beta(\theta)g_{\mu\nu}\partial_\mu\varphi^\circ\partial_\mu\varphi^\circ \quad (3.34)$$

A equação (5.33) diz que a equação de Einstein do campo gravitacional contém a massa geradora da partícula, quer para o universo de sitter, quer para o universo estático de Einstein, e por isso talvez represente a unificação entre a gravidade e os campos quânticos.

Por exemplo, a coordenada temporal de (3.33) pode ser escrita como,

$$\frac{8\pi}{M_{Pl}^2}\ \beta(\theta)(\partial_0\varphi^\circ)^2 - \frac{1}{2}R - \boldsymbol{\kappa^2\ \beta(\theta)(\partial_0\varphi^\circ)^2} = -\ \kappa\rho \qquad (3.35)$$

Substituindo a equação [(7.1.10), 17] dita$R \approx 2R_{00}$,em (3.35), encontramos

$$\frac{8\pi}{M_{Pl}^2}\ \beta(\theta)(\partial_0\varphi^\circ)^2 - R_{00} - \boldsymbol{\kappa^2\ \beta(\theta)(\partial_0\varphi^\circ)^2} = -\ \kappa\rho \qquad (3.35a)$$

"O universo de Einstein contém matéria, mas não movimento. Pode-se descrever o universo de Einstein, *na coordenada do tempo,* pela equação (3.35) em que o tensor de Einstein é dado por$G_{00} = \nabla^2 g_{00}$ [10], pelo que se pode exprimir o tensor de Einstein por

$$G_{00} = \frac{8\pi}{M_{Pl}^2} \beta(\theta)(\partial_0\varphi^{\circ})^2 - R_{00} \qquad (3.35b)$$

Por outro lado, temos

$$= \nabla^2 g_{00} = 2\nabla^2\phi$$

Em queϕ é o potencial newtoniano determinado pela equação de Poisson

$$\nabla^2\phi = 4\pi G\rho$$

Por conseguinte, obtemos de$(5.35b)$ o seguinte

$$\frac{8\pi}{M_{Pl}^2} \beta(\theta)(\partial_0\varphi^{\circ})^2 - R_{00} = 8\pi G\rho \qquad (3.35c)$$

A equação (3.33) reduz-se, no limite do campo estático fraco gerado pela matéria não relativista, à forma apresentada pela equação $(3.35c)$.

Para a métrica, utilizamos (3.12). , . $Not\ that\ g_{00} = -c^2T_{00} = \ -\rho g_{00} = \ \rho c^2$

O universo de Sitter contém movimento mas não contém matéria. Podemos então, descrever o universo de Sitter, *a coordenada tempo* pela equação(3.35) com$\rho =$ 0 , como

$$\frac{8\pi}{M_{Pl}^2} \beta(\theta)(\partial_0\varphi^{\circ})^2 - \boldsymbol{\kappa^2\ \beta(\theta)(\partial_0\varphi^{\circ})^2} \ = \frac{1}{2}R \qquad (3.36)$$

A parte direita descreve a criação das partículas, a parte esquerda descreve a expansão do universo.

O fator de Hubble em função do tempo é

$$H = \left(\frac{\Lambda}{3}\right)^{\frac{1}{2}} \coth {}^{t}/_{t_\Lambda}$$

O parâmetro de Hubble está sempre a diminuir e aproxima-se de um valor constante [2]

$$H_\infty = \sqrt{\frac{\Lambda}{3}} \qquad (3.37)$$

no futuro infinito. Portanto,

$$\frac{-\kappa^2 \beta(\theta)\partial_\mu\varphi^\circ\partial_\mu\varphi^\circ}{3} = (H_\infty)^2 \qquad (3.38),$$

Então obtemos,

$$-\partial_\mu\varphi^\circ\partial_\mu\varphi^\circ = \frac{3(H_\infty)^2}{\beta(\theta)\kappa^2} \qquad (3.39)$$

Que representa a equação de Klein-Gordon para os bosões maciços, tendo em conta (3.28). Concluímos então que, num futuro infinito, o Universo será dominado por partículas massivas. Estas partículas são bosões; cada bosão destas partículas tem a massa de

$$m^2 = 3c^2(H_\infty)^2/\kappa^2 \qquad (3.40)$$

Em que$H = \frac{\dot{a}}{a}$, e $\kappa = 8\pi M_P^{-2}$, $M_P^{-4} = 10^{-132}cm^4$

Nota: uma vez queΛ é positivo (3.37), *isto* significa que$\partial_\mu\varphi^\circ\partial_\mu\varphi^\circ < 0$ passa a ser

$$-|\partial_\mu\varphi^\circ\partial_\mu\varphi^\circ| = \frac{-3(H_\infty)^2}{\beta(\theta)\kappa^2} \Rightarrow |\partial_\mu\varphi^\circ\partial_\mu\varphi^\circ| = \frac{3(H_\infty)^2}{\beta(\theta)\kappa^2} \qquad (3.41)$$

E como$(H_\infty)^2$ é positivo, obtemos novamente,(em$\theta = 0$ com)$1 \ll c^2$ for (3.17)

$$-\partial_\mu\varphi^\circ\partial_\mu\varphi^\circ = \frac{3c^2(H_\infty)^2}{\kappa^2} \qquad (3.42)$$

Utilizando (3.40) podemos escrever (3.42) da seguinte forma

$$-\partial_\mu\varphi^\circ\partial_\mu\varphi^\circ = m^2c^2 \qquad (3.43)$$

Onde

$$m^2 = \frac{3(H_\infty)^2 M_P^4}{64\pi^2}$$

A equação (4.43) **refere-se à mudança de massa de equivalência no campo de Higgs.**

No modelo de Einstein-de Sitter, a expansão está sempre a desacelerar, enquanto no modelo de Friedmann-Lemaître a gravitação repulsiva devida à energia do vácuo fez com que a expansão acelerasse ultimamente. Assim, para um dado valor da constante de Hubble, a velocidade$v = a^{\frac{3}{2}}$ era maior no modelo de Einstein-de Sitter do que no modelo de Friedmann-Lemaître. A idade do Universo aumenta com o aumento da densidade da energia do vácuo. No limite em que a densidade do vácuo se aproxima da densidade crítica, não há matéria escura e o Universo aproxima-se do modelo de Sitter com expansão exponencial e sem Big Bang.[2] Este modelo comporta-se da mesma forma que o modelo cosmológico Steady State e é infinitamente antigo. Além disso, resulta que [1 , secção 9.7] $|\Lambda| < 10^{-52}m^{-2} \Rightarrow (H_\infty)^2 < \frac{10^{-52}}{3}m^{-2}$

Finalmente, a ação livre de KG pode ser generalizada para um campo escalar auto-interativo, introduzindo um potencial escalar

$$s = \int d^4x \left[\frac{1}{2}\partial_\mu\varphi\partial^\mu\varphi - V(\varphi)\right] \tag{3.44}$$

A parte quadrática do potencial dá o termo de massa, enquanto potências mais elevadas, comoφ^3, φ^4 , etc., dão contribuições não lineares às equações de movimento e, portanto, correspondem a auto-interações. Assim, a ação (3.44) é dada por[7]

$$s = \int d^4x \frac{1}{2}\partial_\mu\varphi\partial^\mu\varphi - m^2\varphi^2 \tag{3.45}$$

O que corresponde à ação (3.21), que descreve os bosões sem massa e ao mesmo tempo corresponde ao resultado (secção.3) que diz que " cada bosão sem massa na origem, permanece sem massa devido à sua interação com a linha de potencial apresentada por (3. 32)".

Considerando agora a equação (3.28), podemos obter (para a coordenada do tempo)

$$\partial_\mu\varphi^\circ\partial^\mu\varphi^\circ = -\varphi^2\frac{\lambda}{6\pi}M_p^2 \tag{3.46}$$

O que dá

$$V(\varphi) = -m^2\varphi^2 = -\frac{\lambda}{6\pi}M_p^2\,\varphi^2 = -\frac{3(H_\infty)^2}{\kappa^2}c^2 \tag{3.47}$$

A quantidade$\frac{3(H_\infty)^2}{\kappa^2}$ tem uma dimensão de massa, e então concluímos que$\varphi^2 = c^2$ no futuro infinito. Assim como, o parâmetro de Hubble no futuro infinito é escrito (ver(3.47)) como

$$(H_\infty)^2 = \kappa^2\frac{\lambda}{18\pi}M_p^2$$

Vamos encontrar a relação entre a temperatura do gás de fotões antes e depois da aniquilação eletrão-positrão. Os fotões e os pares eletrão-positrão estão em equilíbrio termodinâmico durante o processo de aniquilação. O gás expande-se adiabaticamente. A entropia total é, portanto, conservada. A entropia de um gás com densidadeρ , pressãop e temperatura T num volume móvel$V = a^3$ é

$$S = (\rho + p)\frac{V}{T}$$

A radiação e o gás ultra-relativista de electrões e neutrinos têm $p = (1/3)\rho$

de modo que,$S = \frac{4}{3}\frac{a^3}{T}\rho$. Os fotões são bosões e obedecem à estatística de Bose-Einstein que conduz ao espetro de Planck (A densidade de energia por unidade de frequência$u(\omega)$.) A densidade do gás de fotões é

$$\rho = \int_0^\infty u(\omega)d\omega = \frac{4\sigma}{c}T^4$$

σ é a constante de Stephan e, além disso[3]$\rho = \frac{\pi^2}{30}N(T)T^4 = \frac{\pi^2}{30}\left[N_B(T) + \frac{7}{8}N_F(T)\right] T^4$ (ver também a equação (3.31) [14])

$N(T)$é o número efetivo de espécies de partículas,N_B é o número de espécies de bosões e férmions. Se o Universo se expandiu adiabaticamente, com$sa^3 \approx const$, então a equação acima$S = \frac{4}{3}\frac{a^3}{T}\rho$ implica que, durante a expansão, a quantidadeaT também permaneceu aproximadamente constante. Por outras palavras, a temperatura do Universo diminuiu como [3]

$$T \sim a^{-1}$$

Além disso, (4.35) passa a ser,

$$\frac{8\pi}{M_{Pl}^2}\beta(\theta)(\partial_0\varphi^\circ)^2 - \frac{1}{2}R - \boldsymbol{\kappa^2}\,\boldsymbol{\beta(\theta)(\partial_0\varphi^\circ)^2} = -\kappa\frac{\pi^2}{30}\left[N_B(T) + \frac{7}{8}N_F(T)\right] T^4 \tag{3.48}$$

Além disso, a equação(3.23) pode ser apresentada sob a forma

$$H^2 + \frac{k}{a^2} \equiv \left(\frac{\dot{a}}{a}\right)^2 + \frac{k}{a^2} = \frac{4\pi}{3M_p^2}\left(-\partial_\mu\varphi^\circ\partial_\mu\varphi^\circ\right)$$

O que dá

$$H^2 + \frac{k}{a^2} = \frac{4\pi}{3M_p^2}\left(-\partial_\mu\varphi^\circ\partial_\mu\varphi^\circ\right) \tag{3.49}$$

a inclusão de uma constante cosmológica na equação de Einstein:

O princípio de equivalência dc Einstein, considerado como uma unificação da gravitação e da inércia, é o caminho de Einstein para a teoria da Relatividade Geral. Na Relatividade Geral, Einstein disse que a matéria (energia) faz com que o espaço-tempo se curve[13]. Da equação (3.35) pode-se dizer que o campo de Higgs e a massa de Plank fazem com que o espaço-tempo se curve.

Na teoria clássica, qualquer distribuição de matéria está associada a um potencial gravitacional através da equação de Poisson. Na teoria da relatividade geral, uma distribuição de matéria já não cria um campo gravitacional, mas curva o espaço-tempo.[13] Do ponto de vista matemático da teoria da gravidade de Einstein, o espaço-tempo é modelado por uma variedade Lorentziana de dimensão quatro$(M;\ g)$. A distribuição da matéria e da energia no universo é descrita por um campo de formas bilineares simétricas de divergência zero, denotado$T$ e chamado tensor energia-momento, como já referimos, assim como podemos dizer, de acordo com a equação (3.33), que a distribuição da matéria e da energia no universo é descrita pelo campo de Higgs e pela massa de Plank.

"O espaço-tempo diz à matéria como se mover; a matéria diz ao espaço-tempo como se curvar." [12] *John Archibald Wheeler*.

De acordo com a equação (4.35), pode dizer-se que "o espaço-tempo diz à matéria como deve ser criada; a matéria diz ao espaço-tempo como deve curvar-se.

O modelo de Kantowski-Sachs [2]: é o único modelo homogéneo que não tem um subgrupo transitivo tridimensional. Tem secções espaciais R × S [2] com um grupo de simetria tetradimensional. A sua métrica pode ser escrita como

$$ds^2 = -dt^2 + e^{2\sqrt{\Lambda}t}dz^2\frac{1}{\Lambda}(d\theta^2 + \sin^2\theta d\varphi^2) \tag{3.49}$$

Esta métrica descreve um universo com duas dimensões esféricas com um tamanho fixo durante a evolução cósmica. A terceira dimensão, por outro lado, está a expandir-se exponencialmente. Uma análise mais aprofundada desta solução mostra que ela é instável, logo não é física e deve ser considerada como um artefacto matemático. Assim, usando (4.18) em$\theta = 0$ com$1 \ll c^2$

$$\Lambda = -\frac{\kappa^2}{c^2}\partial_\mu\varphi^\circ\partial_\mu\varphi^\circ \tag{3.50}$$

Substituindo esta última relação em((3.49), obtém-se

$$ds^2 = -dt^2 + e^{2\frac{\kappa}{c}\sqrt{-\partial_\mu\varphi^\circ\partial_\mu\varphi^\circ t}}dz^2 \frac{1}{-\frac{\kappa^2}{c^2}\partial_\mu\varphi^\circ\partial_\mu\varphi^\circ}(d\theta^2 + \sin^2\theta d\varphi^2) \tag{3.51}$$

O físico americano John Archibald Wheeler[12]*, nascido a 9 de julho de 1911 em Jacksonville, Florida, é conhecido pelos seus importantes contributos para a física nuclear e a relatividade geral.*

Filho mais velho de um bibliotecário, John Archibald Wheeler defendeu a sua tese de doutoramento na Universidade Johns Hopkins, em Baltimore, Maryland, em 1932. Depois de alguns meses na Universidade de Nova Iorque, onde estudou com Gregory Breit (1899-1981) a materialização de dois fotões num eletrão e num positrão, passou um ano em Copenhaga, no grupo de Niels Bohr, e depois foi nomeado professor em Princeton.

Em 1952, Wheeler introduziu um curso de relatividade geral no currículo de física. Sob a sua direção, Princeton tornou-se um dos centros de investigação em gravitação relativista e participou no renascimento desta disciplina. Contribuiu para o estudo da equação de estado das estrelas no final da sua evolução, mas durante anos opôs-se apaixonadamente à noção de buracos negros proposta por Robert Oppenheimer como solução para o destino de certas estrelas muito maciças sujeitas a contração gravitacional. Mais tarde, tornar-se-ia o campeão dos buracos negros, declarando que eles nos ensinam "que o espaço pode ser amassado como uma folha de papel até desaparecer num ponto infinitesimal, que o tempo pode ser extinto como uma chama moribunda e que as leis da física não têm nada a ver com isso.

A ideia principal subjacente aos modelos de universo inflacionário era ter em consideração as consequências das teorias de calibre das interações fundamentais na construção de modelos de universo relativistas. De acordo com os modelos de Friedmann, a temperatura era extremamente elevada no início da história do Universo. O campo de Higgs das Grandes Teorias Unificadas das interações electromagnética, fraca e forte tem uma temperatura crítica TC correspondente à energia$k_B T_C = 10^{14} Gev$. Esta era a temperatura do universo$10^{-35} s$ após a hipotética singularidade do Big Bang. Nessa altura existia um falso vácuo com uma densidade de massa da ordem de$\rho_v = 10^{76} kg/m^3$, e energia de radiação com aproximadamente a mesma densidade. Enquanto a densidade de energia de radiação diminuía à medida quea^{-4} a densidade de energia do vácuo permanecia constante até à transição para o vácuo verdadeiro com uma densidade de energia muito menor. De acordo com cálculos baseados em potenciais adequadamente escolhidos para o campo de Higgs, isto aconteceu cerca de$10^{-33} s$ depois de .$t = 0$

De acordo com os modelos originais do universo inflacionário, a era inflacionária durou de$10^{-35} s$ a $10^{-33} s$

o parâmetro de Hubble muda muito lentamente durante um período em que o campo escalar rola lentamente. O número de e-foldings durante a inflação é

ondea_i ea_f são os valores inicial e final do fator de expansão. Na aproximação de rolagem lenta, o potencial é aproximadamente constante no tempo e, portanto, de acordo com a eq.(4.22), o parâmetro de Hubble também é constante, e há uma expansão exponencial. Então o número de e-foldings é dado por[2]

$$N = \int_{t_i}^{t_f} H dt \tag{3.52}$$

Como se viu acima, a expansão acelerada, ou seja, a inflação, acontece sempre que o potencial domina,$V > \dot{\varphi}^2$ Isto é percebido no caso da aproximação , quando o termo$\ddot{\varphi}$ é negligenciado na eq (3.22), daí que esta equação se reduza a

$$3H\dot{\varphi} = -V' \tag{3.53}$$

Em que esta última equação dá a forma de $3H \frac{d\varphi}{dt} = -V'$, ou seja,$dt = \left(-3H/_{V'}\right) d\varphi$. Combinando isto com a eq. (3.25), obtém-se

$$N = -\frac{8\pi}{M_{Pl}^2} \int_{\varphi_i}^{\varphi_f} \left(\frac{V'}{V}\right) d\varphi \tag{3.54}$$

Então, se$V = \lambda \varphi^{\nu}$ obtém-se

$$N = \frac{4\pi}{\nu M_{Pl}^2} \left({\varphi_i}^2 - \ {\varphi_f}^2 \right) \tag{3.55}$$

Resumo

O aparecimento de um campo escalar homogéneo constanteφ em todo o espaço representa simplesmente uma reestruturação do vácuo e, em certo sentido, o espaço preenchido por um campo escalar constanteφ permancce "vazio" - o campo escalar constante não transporta consigo um referencial preferencial, não perturba o movimento dos objectos que atravessam o espaço que preenche, etc. Mas quando o campo escalar aparece, há uma mudança na densidade de energia do vácuo, que é descrita pela quantidade $V(\varphi)$. O campoφ inicia as suas oscilações perto do mínimo de $V(\varphi)$, e a sua energia é transferida para as partículas que são criadas em resultado dessas oscilações. Assim, este trabalho mostra uma pequena correção na ação do campo escalar da ordem de10^{-16}. Além disso, o Higgs é um campo 'escalar' - tem magnitude em cada ponto do espaço-tempo mas não tem direção. Por outras palavras, não "puxa" nem "empurra" em nenhuma direção específica.

As energias das partículas de raios cósmicos situam-se normalmente entre 10 MeV e 10 GeV, mas, muito ocasionalmente, são registadas partículas com energias incrivelmente elevadas. Em 15 de outubro de 1991, foi detectada no Utah uma partícula de raios cósmicos com uma energia de aproximadamente 300 milhões de TeV. O campo de calibre que medeia a interação fraca pode ser formado de acordo com o mecanismo de Higgs, que concluiu que os bosões, originalmente sem massa, obtêm uma massa efectiva ao interagirem com o vácuo, sendo a energia do vácuo representada pelos campos de Higgs.

Em termos físicos, a razão para o aparecimento de inomogeneidades de grande escala num universo inflacionário está relacionada com a reestruturação do estado de vácuo resultante da expansão exponencial do universo. É sabido que a expansão do Universo conduz frequentemente à produção de partículas elementares. Neste trabalho apresentamos a descrição de uma equação que unifica o campo quântico, aqui representado pelo campo de Higgs, o campo que dá o mas a todas as partículas, com a teoria da relatividade geral, representada nesta equação pelo tensor de curvatura, ou seja, a unificação do campo de Higgs com a geometria.

Na teoria de campos original de Minkowsk,$\varphi = 0$ e$\varphi = \eta$ são os dois vácuos degenerados, separados por uma barreira de potencial, pelo que esta solução euclidiana, do ponto de vista da teoria de campos de Minkowski, representa um processo de tunelamento entre os dois vácuos. Chamaremos a esta solução euclidiana um "instantão". Em QFT o comportamento do estado de vácuo sob a transformação de simetria, existem duas possibilidades: se o estado de vácuo é único então deve ser invariante sob a simetria. Se, no entanto, for degenerado, é possível que uma transformação de simetria o leve a um novo estado de vácuo. Esta última possibilidade corresponde à quebra espontânea de simetria.

Em 1917, Einstein apresentou a sua solução cosmológica que mostrava um universo estático quando a atração gravitacional da massa do universo é exatamente equilibrada pela repulsão da constante cosmológica. No mesmo ano de 1917, uma nova solução apresentada pelo astrónomo holandês Willem de Sitter (1872-1934) mostrava uma solução cosmológica estática da equação de Einstein em que o universo está vazio de matéria e contém apenas a energia manifestada pela constante cosmológica. O universo de De Sitter expande-se no mesmo tempo quando é considerado um universo estático e não tem princípio nem fim, expandindo-se sempre à mesma taxa exponencial. "O universo de Einstein contém matéria mas não movimento. O universo de De Sitter contém movimento mas não matéria."

O fator de escala mede a expansão ou contração do espaço no tempo. A reação crescente a favor de uma melhor compreensão dos fundamentos interpretativos da física não é uma oscilação do pêndulo da moda do pensamento em direção à metafísica, com origem na perturbação dos valores morais produzida pela grande guerra, nem nada do género, mas é uma reação absolutamente forçada por um conjunto cada vez maior de factos experimentais frios. Esta reação, ou melhor, este novo movimento, foi sem dúvida iniciado pela teoria da relatividade restrita de Einstein.

Antes de Einstein, um número cada vez maior de factos experimentais relativos a corpos em movimento rápido exigia modificações cada vez mais complicadas nas nossas noções ingénuas, a fim de preservar a autoconsistência, até que Einstein mostrou que tudo podia ser restaurado a uma simplicidade maravilhosa através de uma ligeira alteração de alguns dos nossos conceitos fundamentais.

Os conceitos que foram mais obviamente tocados por Einstein foram os de espaço e tempo, e grande parte da escrita conscientemente inspirada por Einstein tem-se preocupado com estes conceitos. No entanto, o facto de a experiência obrigar a uma crítica de muito mais do que os conceitos de espaço e de tempo torna-se cada vez mais evidente por todos os novos factos que estão a ser descobertos no domínio quântico. A situação que nos é apresentada por estes novos factos quânticos é dupla. Em primeiro lugar, todas estas experiências dizem respeito a coisas tão pequenas que estão para sempre para além da possibilidade de experiência direta, pelo que temos o problema de traduzir a evidência da experiência para outra linguagem.

Em julho de 2012, as experiências ATLAS e CMS anunciaram a descoberta de um bosão de Higgs utilizando colisões protão-protão recolhidas a energias do centro de massa $\sqrt{S} = 7\ T\text{eV}$ e8 TeV no Large Hadron Collider (LHC) do CERN. As medições subsequentes das suas propriedades revelaram-se consistentes com as esperadas para o bosão de Higgs do Modelo Padrão (SM) com uma massa $m_H = 125.09 \pm 0.21(stat.) \pm 0.11(syst.)$ GeV

Na sequência das modificações do LHC para fornecer colisões protão-protão a uma energia do centro de massa de $\sqrt{s} = 13$ GEV , o sector de Higgs pode ser sondado mais profundamente: o conjunto de dados recolhidos em 2015 e 2016 permite que as medições do bosão de Higgs inclusivo sejam repetidas com uma precisão cerca de duas vezes melhor do que as efectuadas em $\sqrt{s} = 7$ e 8 TeV com o conjunto de dados da Corrida 1. O aumento da energia do centro de massa resulta em secções transversais muito maiores para acontecimentos com energia do centro de massa partónica elevada.

Isto implica uma maior sensibilidade a uma variedade de processos físicos interessantes, tais como os bosões de Higgs produzidos a elevado momento transverso ou os bosões de Higgs produzidos em associação com um par de quarks top-antitop. O decaimento do bosão de Higgs em dois fotões($H \rightarrow \gamma\gamma$) é uma forma particularmente atraente de estudar as propriedades do bosão de Higgs e de procurar desvios às previsões do Modelo Padrão devido a processos para além do Modelo Padrão (BSM). Apesar do pequeno rácio de ramificação, . $(2.27 \pm 0.07) \times 10^{-3}$ for $m_H = 125.09$ GeV

REFERÊNCIAS

[1] Rafael Ferraro, Einstein's Space-Time An Introduction to Special and General Relativity, 2007 Springer Science + Business Media, LLC

[2] Øyvind Grøn e Sigbjørn Hervik, Einstein's General Theory of Relativity Versão de 9 de dezembro de 2004. Grøn & Hervik.

[3] Andrei Linde, PARTICLE PHYSICS AND INFLATIONARY COSMOLOGY, Department of Physics, Stanford University, Stanford CA 94305-4060, USA, (Harwood, Chur, Switzerland, 1990).

[4]. J. Garc'ıa Sol'e, L.E. Baus'a and D. Jaque Universidad Autonoma de Madrid, Madrid, Espanha, An Introduction to the Optical Spectroscopy of Inorganic Solids, Copyright C 2005 John Wiley & Sons Ltd, The Atrium, Southern Gate, Chichester, West Sussex PO19 8SQ, England

[5] Jayant v. Narlikar, T. Padmanabhan, Gravity, gauge theories, and quantum cosmology, 1986 por D. Reidel Publishing Company, Dordrecht, Holanda

[6]. Gerhard Grensing (Universidade de Kiel, Alemanha), Structural Aspects of QUANTUM FIELD THEORY, Copyright © 2013 by World Scientific Publishing Co. Pte. Ltd.

[7] Michele Maggiore, A Modern Introduction to Quantum Field Theory, Oxford University Press 2005

[8] Martin Bojowald, Quantum Cosmology A Fundamental Description of the Universe, Springer 2011.

[9] Percy Bridgman (1927) The Logic of Modern Physics (Fonte: The Logic of Modern Physics (1927), publ. MacMillan (New York) Edition, 1927.) https://www.marxists.org/reference/subject/philosophy/works/us/bridgman.htm

[10] Steven Weinberg Gravitação e Cosmologia: Principles and Applications of the General Theory of Relativity. John Wiley and Sons. Inc, EUA (1972).

[Abdelkader BENZIAN, From the Measure Problem of Quantum Mechanics to Renormalization Theory of Quantum Field, Eliva Press Global Ltd. part of Eliva Press S.R.L., 2024.

[12] https://www.universalis.fr/encyclopedie/john-archibald-wheeler/

[13] A.BENZIAN, Einstein's General Equation of the Gravitational Field, World Academy of Science, Engineering and Technology International Journal of Physical and Mathematical Sciences Vol:14, No:03, 2020.

[14] JAMES LINDESAY, FOUNDATIONS OF QUANTUM GRAVITY, Cambridge University Press, C J. Lindesay 2013

Printed by Books on Demand GmbH, Norderstedt / Germany